白天黑夜都在玩的趣味数学谜题

[日] 樱井进　著
梁玥　译

江苏凤凰科学技术出版社　凤凰含章

图书在版编目（CIP）数据

白天黑夜都在玩的趣味数学谜题 /（日）樱井进著；
梁玥译 . —— 南京：江苏凤凰科学技术出版社，2016.12

ISBN 978-7-5537-7361-2

Ⅰ.①白… Ⅱ.①樱… ②梁… Ⅲ.①数学—普及读
物 Ⅳ.① O1-49

中国版本图书馆 CIP 数据核字 (2016) 第 262535 号

江苏省版权局著作权合同登记 图字：10-2016-398号

白天黑夜都在玩的趣味数学谜题

著　　　者	［日］樱井进	
译　　　者	梁　玥	
责 任 编 辑	倪　敏	
责 任 监 制	曹叶平　方　晨	

出 版 发 行	凤凰出版传媒股份有限公司
	江苏凤凰科学技术出版社
出版社地址	南京市湖南路 1 号 A 楼，邮编：210009
出版社网址	http://www.pspress.cn
经　　　销	凤凰出版传媒股份有限公司
印　　　刷	北京文昌阁彩色印刷有限责任公司

开　　　本	710mm × 1 000mm　1/16
印　　　张	12.5
字　　　数	120 000
版　　　次	2016年12月第1版
印　　　次	2016年12月第1次印刷

标 准 书 号	ISBN 978-7-5537-7361-2
定　　　价	29.80元

图书如有印装质量问题，可随时向我社出版科调换。

前言

通常，数学都会给人一种印象，那就是"解题竞赛"。或许学校里教授的数学就是这样的刻板印象——"只为测验和应试竞争而存在的学科"。当然这也是数学的面貌之一。不过这并不意味着数学就仅仅是背一大堆公式和解法，然后机械地去解题。

事实上，数学还有着公式、特定计算步骤之外的广阔世界。我们可以从数字与图形中发现日常生活中隐藏着的无所不在的数学知识、数学规律，从看似纷繁复杂的关系中发现事物的本质，从看似正常的逻辑中发现悖论以及潜藏在谜题中的奥妙——这才是数学存在的奥义。

让我们来看看世界知名人士对数学的礼赞吧！

数学能促进人们对美的特性——数值比例秩序等的认识。——亚里士多德

数学中的一些美丽定理具有这样的特性：它们极易从事实中归纳出来，但证明却隐藏得极深。——高斯

宇宙之大，粒子之微，火箭之速，化工之巧，地球之变，生物之谜，日用之繁，无处不用数学。——华罗庚

纯粹数学，就其本质而言，是逻辑思想的诗篇。——爱因斯坦

数统治着宇宙。——毕达哥拉斯

……

数学不仅仅是一门科学，更是一门艺术，不论你的思考多么深入，总有问题比你的思考更为广阔和深奥。并且在不知不觉间，你会发现这些问题不可思议地环环相扣，最终展示给我们一个充满惊叹的世界。

《白天黑夜都在玩的趣味数学谜题》的宗旨，正是让读者"阅读数学""欣赏数学"，而非仅仅"解题数学"。在这里，我们将向你介绍"更为广阔的数学世界"，而这个世界仅仅通过教科书和应试数学是无法了解的。

另一方面，即便是"解题数学"，我们也能从中找到乐趣的所在——那就是解开数学题时，我们会获得极大的成就感和充实感。没有什么比自己动脑筋写出答案更令人愉悦了。

请你开动脑筋挑战数学题。我十分推荐古今中外的经典题目，因为前人所挑战过的问题之所以能流传至今，一定是因为这些问题有其独特的魅力。

本书共分为三部分，由图形，逻辑、悖论、运算智力问答题，世界经典趣味数学谜题组成，囊括了图形、运算、逻辑、悖论等各个领域的问题，一定能够使你充分享受到解开数学谜题的乐趣。

请不要被以往的知识所束缚，尝试着开动脑筋解决这些谜题。用自己的方式、节奏来思考自己所喜欢的领域、解开自己感兴趣的谜题吧！到那时，你一定会和这些谜题度过快乐而特别的时光。

好啦，有好多有趣到"让你白天黑夜都在玩"的问题正在等待你的挑战。拿起笔，来挑战数学智力游戏题吧！

科学传播者　樱井进

目录

Part 1 图形

Part 2 逻辑 & 悖论 & 运算智力问答题

Part 3 世界经典趣味数学谜题

Part 1
图形

智慧板

"智慧板"因首次出现在清少纳言所著《枕草子》一书中，因此也被称作"清少纳言的智慧板"。

智慧板的制作方法

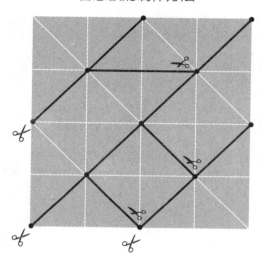

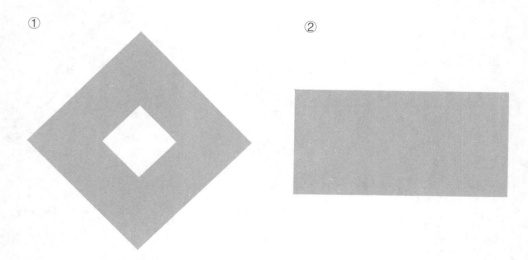

Q₁ 请尝试使用"智慧板"拼出下面的图形。7块图形可以翻转使用。

① ②

○ 答案见 12 页。

七巧板

七巧板，顾名思义，将正方形分割为 7 块图形，然后使用这 7 块图形拼成各种形状。这是一种有趣的图形式智力游戏，通过这个游戏，我们可以窥探到正方形所创造出来的奇妙世界。七巧板游戏变化多端，因此在世界各国广为流传，它的英文名是"唐图（tangram）"，意思是中国图。

智慧板的制作方法

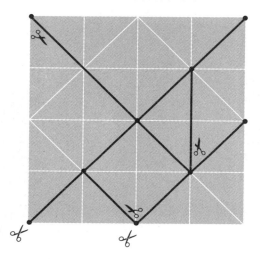

Q₂ 请尝试使用"七巧板"拼出下面的图形。7 块图形可以翻转使用。

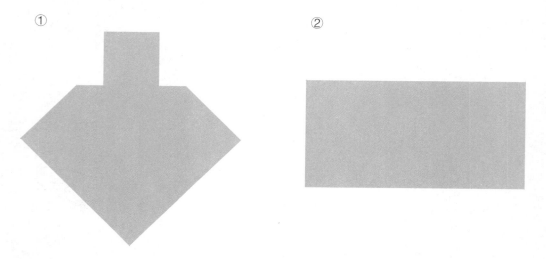

① ②

③ ④ ⑤ ⑥ ⑦ ⑧ ⑨ ⑩

○ 答案见 12 页。

[A1]

① ② ③ ④

⑤ ⑥ ⑦ ⑧

⑨ ⑩

[A2]

① ② ③ ④

⑤ ⑥ ⑦ ⑧

⑨ ⑩

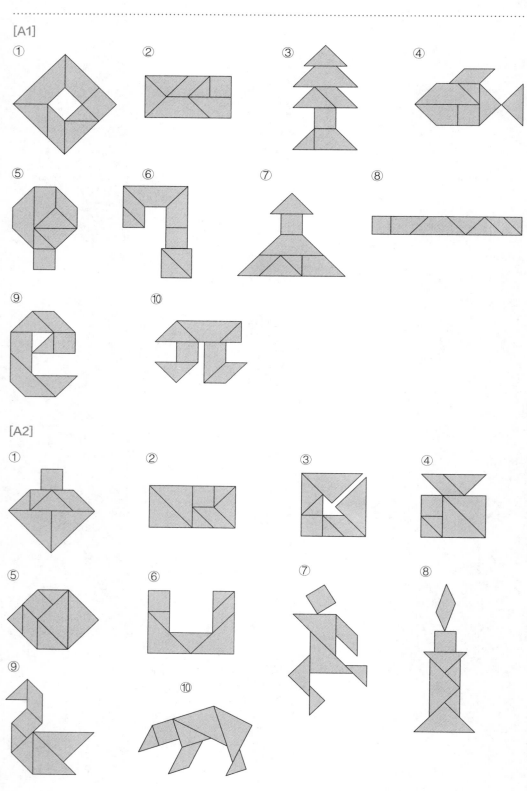

12

幻方

在数学中有一种"幻方"，它不是魔法却胜过魔法。这种图形非常不可思议，不论是横着、竖着还是斜着，每行、每列、每条对角线上 3 个数字之和（幻方常数）都相等。在西方，幻方被称作"魔法正方形（magic square）"，不过其形状更加多样化，除了正方形之外，还有圆形、六边形等许多其他图形。幻方充满了数字的神秘魔力。

 请完成下面的幻方。

① 3×3 的幻方（可使用数字 1 ~ 9，每个数字只能使用一次，幻方常数为 15）

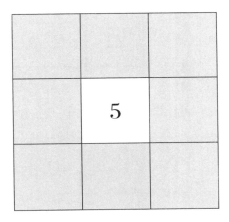

② 4×4 的幻方（可使用数字 1 ~ 16，每个数字只能使用一次，幻方常数为 34）

16		1	
	7	10	
	9		6
2			3

③ 5×5 的幻方（可使用数字 1 ~ 25，每个数字只能使用一次，幻方常数为 65）

1	7	13		
18		5	6	
	11			4
		9	15	16
14		21	2	8

④ 7×7 的幻方（可使用数字 1 ~ 49，每个数字只能使用一次，幻方常数为 175）

	11	2		40	31	22
12		43	41	32		21
4	44		33	24	15	
45	36	34		16	14	5
37	35		17		6	46
29		18		7	47	
		10	1	48	39	30

⑤ 圆阵（可使用数字 1 ~ 9，每个数字只能使用一次，圆周上的数字之和为 22，直径上的数字之和为 23）

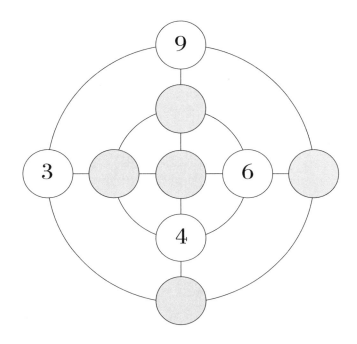

⑥ 魔法六角阵（可使用数字 1 ~ 19，每个数字只能使用一次，不论是横着还是斜着，数字之和都为 38）

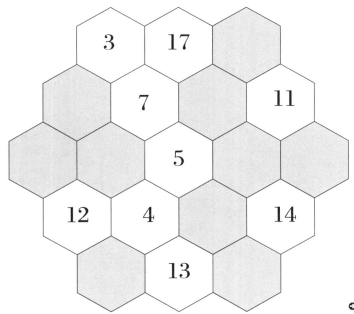

● 答案见 16 页。

①

8	1	6
3	5	7
4	9	2

②

16	4	1	13
5	7	10	12
11	9	8	6
2	14	15	3

③

1	7	13	19	25
18	24	5	6	12
10	11	17	23	4
22	3	9	15	16
14	20	21	2	8

④

20	11	2	49	40	31	22
12	3	43	41	32	23	21
4	44	42	33	24	15	13
45	36	34	25	16	14	5
37	35	26	17	8	6	46
29	27	18	9	7	47	38
28	19	10	1	48	39	30

⑤

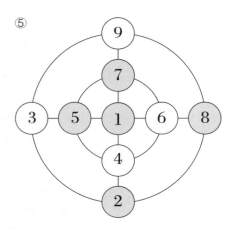

⑥

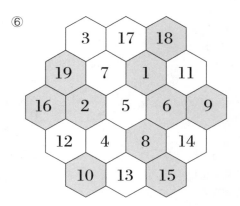

怎样撕邮票

　　看到上面的提问，可能很多人都会立刻开始思考怎样撕的问题吧，比如"开始应该竖着撕，还是横着撕"。然而，这道题并不是要问你怎样撕，而是要你思考"每撕一次会分成几张"。撕一次一整版邮票会分成 2 张，再撕一次会变成 3 张，再撕一次又会变成 4 张。

有一整版邮票，横着 8 张、竖着 5 张，共 40 张。请问，如果想把这整版邮票全部撕成一张一张的，至少需要撕多少次？请注意，不能将邮票重叠并裁开。

....

[A4] 39 次

每撕一次，撕下来的邮票张数就增加一张，因此"邮票张数减去 1"就是撕的次数。如果要将 n 张邮票撕成一张一张的，那么撕 n-1 次就可以了。所以，如果是 40 张邮票，就撕 40-1=39（次）。

在某场网球大赛上，32 名选手正在进行淘汰赛。请问，到决出优胜者为止，总共要进行多少次比赛？请注意，假设是在没有弃权、轮空的情况下。

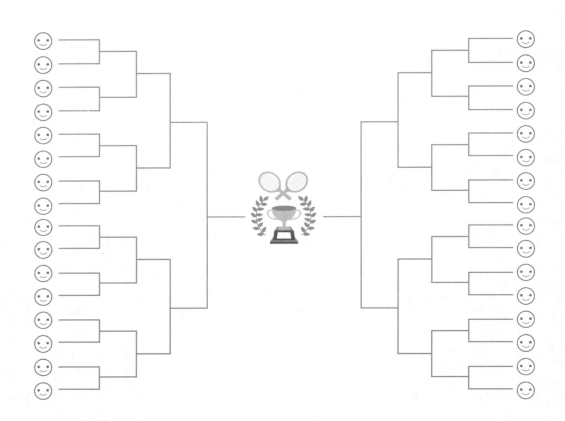

[A5] 进行 31 次比赛

除了优胜者之外，其余所有人必定都分别是某次比赛的输家，因此比赛次数应为"选手人数减去 1"。如果有 *n* 名选手，比赛次数就应该是 *n*-1 次。所以，答案是 32-1=31（次）比赛。

哥尼斯堡七桥问题

"每座桥只能过一次"就相当于"一笔画"。在数学家莱昂哈德·欧拉于 1741 年所发表的论文中，他以"将河岸与陆地看作点、将桥看作边的图形是否可以一笔画"的形式，将这个问题定型化为一个几何问题。

Q6 18 世纪初，在普鲁士的古城哥尼斯堡，流淌着一条大河名叫普雷格尔河，在河上架有 7 座桥。请问，能否不重复、不遗漏地走过 7 座桥，最后又回到起点？可以从任意一个地方出发。

古城哥尼斯堡

[A6] **不可能**

"每座桥只能过一次"就相当于"一笔画"。如果是可以一笔画下来的，那么除了起点和终点，其余的点必须都既有来路又有去路，因此从这些点出发的线数一定是偶数。从哥尼斯堡大街的地图来看，不论从哪片地出发的线数都是奇数，所以是不可能一笔画下来的。也就是说，是不可能不重复、不遗漏地走过 7 座桥，最后又回到起点的。

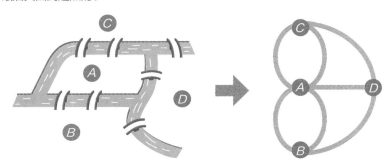

给手机解锁

最近的智能手机都有一种解锁方式，使用"9个点"，因此肯定有不少人对这9个点感到很熟悉吧。那么，应该怎样用规定好条数的直线将这9个点连接起来呢？请灵活运用你的大脑来思考吧！

 分别使用4条直线和3条直线，怎样才能将3×3排列的9个点用一笔连起来呢？

[A7]

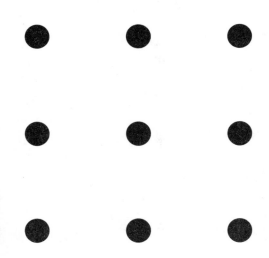

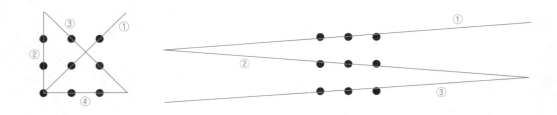

裁纸游戏

将图形剪切开拼成其他形状（所谓"裁"，就是将纸裁剪成某个尺寸）。请利用正方形以下三个特征来解题，"4 条边的边长相等，4 个角均为 90 度""2 条对角线长度相等，且互相垂直平分""边长与对角线长度之比为 1:√2"。

 请解答下面的裁纸问题。

① 一张纸，长 2 米，宽 1 米。请将这张纸裁成适当的图形，再重新拼出一个正方形来，应该怎样做才好呢？请思考出 2 组方法。

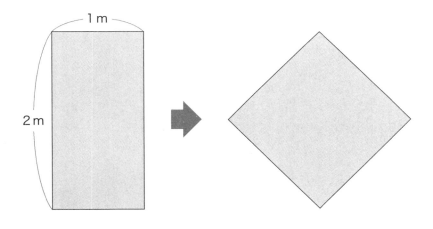

[A8]

①

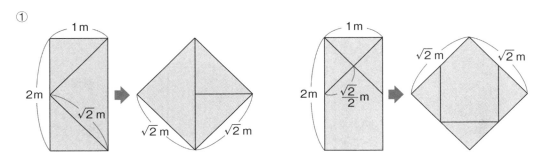

② 一张纸，长 16 厘米，宽 9 厘米。请将这张纸裁成适当的图形，再重新拼出一个正方形来，应该怎样做才好呢？

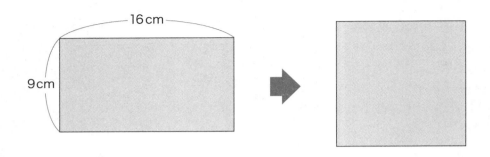

③ 一张纸，长 50 厘米，宽 32 厘米。请将这张纸裁成适当的图形，再重新拼出一个正方形来，应该怎样做才好呢？

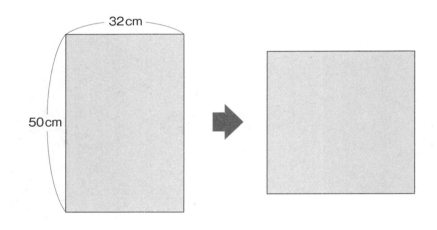

[A8]

②

③

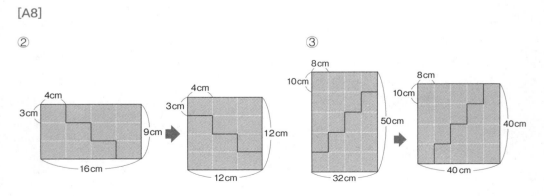

④ 一张纸，是像下图一样的十字形。请将这张纸裁成适当的图形，再重新拼出一个正方形来，应该怎样做才好呢？

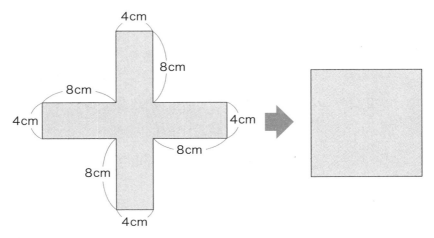

⑤ 一张纸，长8厘米，宽4厘米。请将这张纸裁成适当的图形，再重新拼出一个等腰直角三角形（即将正方形沿对角线对折得到的图形）来，应该怎样做才好呢？

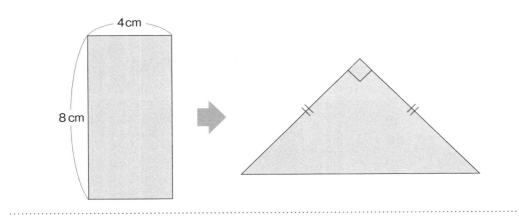

[A8]

④

④ 4cm 4cm 4cm 4cm 12cm 12cm

⑤ 4cm 4cm 4cm $2\sqrt{2}$cm 6cm 8cm $8\sqrt{2}$cm

汉诺塔游戏

　　汉诺塔是一种古老的印度玩具，法国数学家爱德华·卢卡斯用这个玩具发明了一种游戏，要求玩家将所有的圆盘移动到指定的柱子上。这个游戏的难点在于，堆积的圆盘数越多就越难。你能不能完成任务呢？快快参与到游戏中来吧！

 "每次只能移动一个圆盘" "不能把大圆盘放在小圆盘之上"，请遵守这两项规则，然后解答下面的问题。

① 移动 7 次，将这 3 层汉诺塔全部移动到正中间的柱子上来。

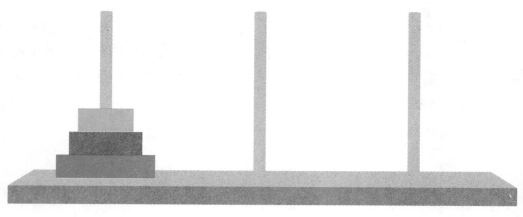

....

[A9]

①

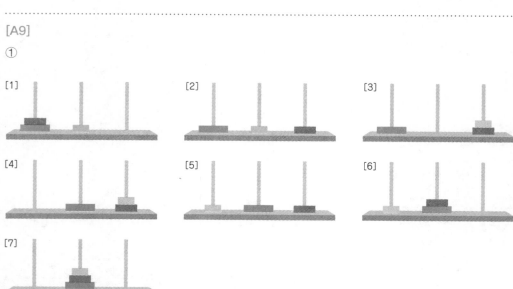

[1]　　　　　　　　[2]　　　　　　　　[3]

[4]　　　　　　　　[5]　　　　　　　　[6]

[7]

② 移动 15 次。将这 4 层汉诺塔全部移动到正中间的柱子上来。

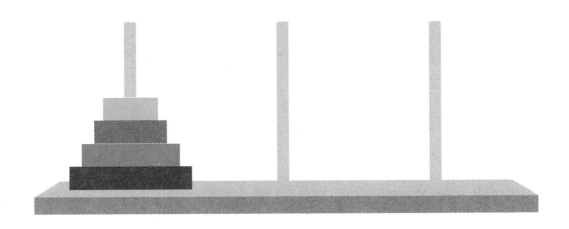

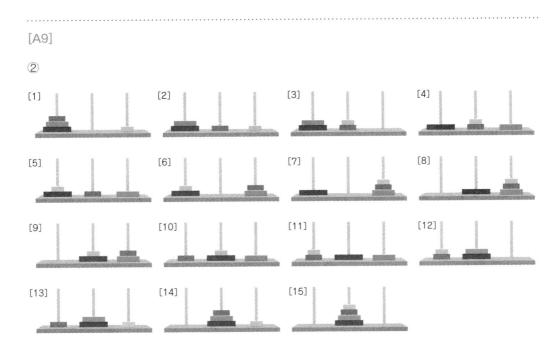

寻找最短路线

人类通过测量地球建立了文明，数学和天文学都离不开测量。如果地球不是圆的，我们人类又该如何测量它，又会建立怎样的文明呢……

 假设你生活在下列形状的行星上。请你思考从笑脸处到你家的最短路线是什么。

①立方体

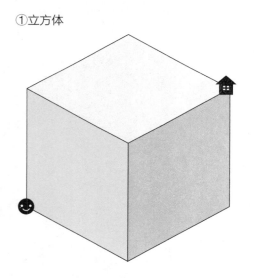

②正十二面体

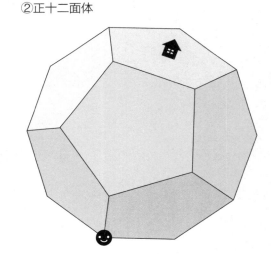

● 答案见 28 页。

"展开图"游戏

在现在这个时代，不论是电视还是电影都讲究 3D（3 次元），不过也不要因此就小瞧 2D（2 次元），很多 3D 立体图展开之后却是千真万确的平面图形。"展开图"游戏能够连接平面世界与立体世界，请在美丽的 2D 世界中尽情遨游吧！

 将下列展开图组装起来，会变成什么图形呢？

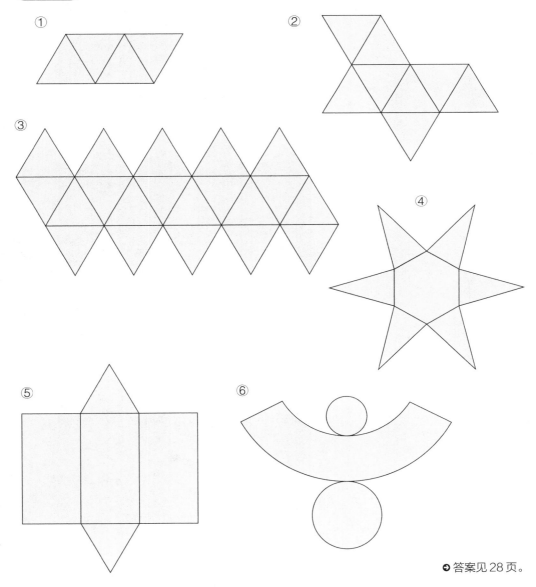

◎ 答案见 28 页。

[A10]

①

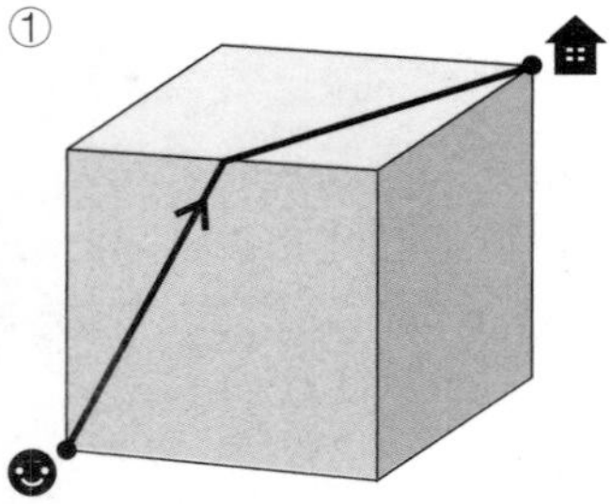

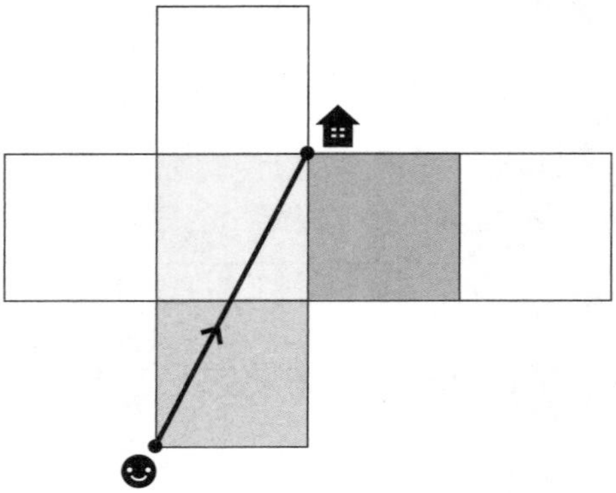

②

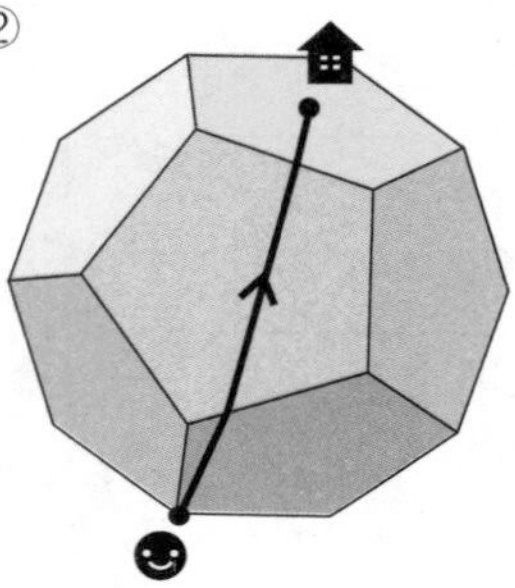

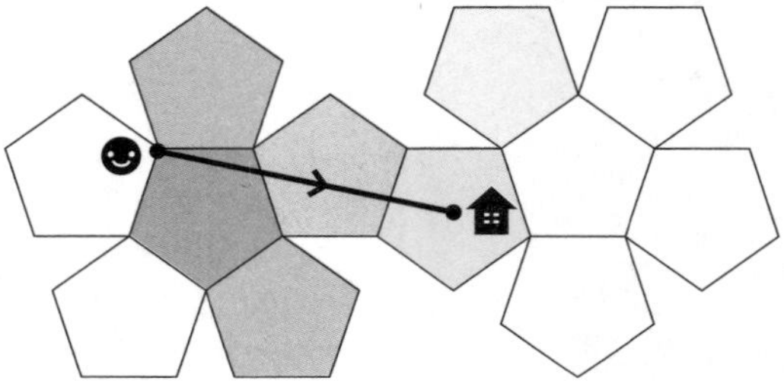

[A11]

①正四面体

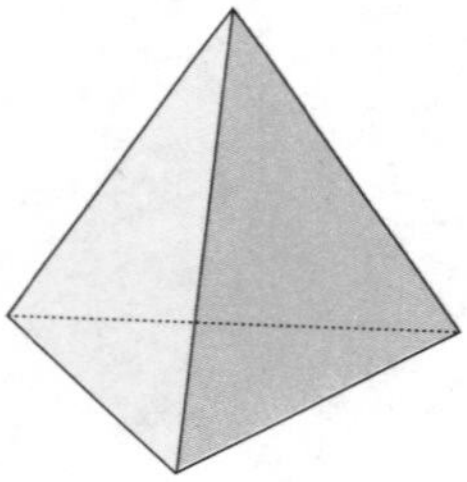

②正八面体

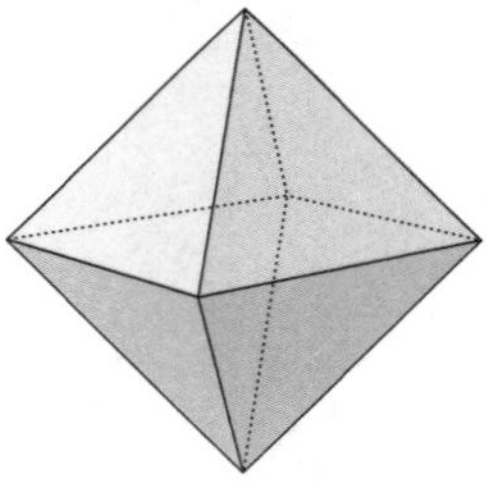

③正二十面体

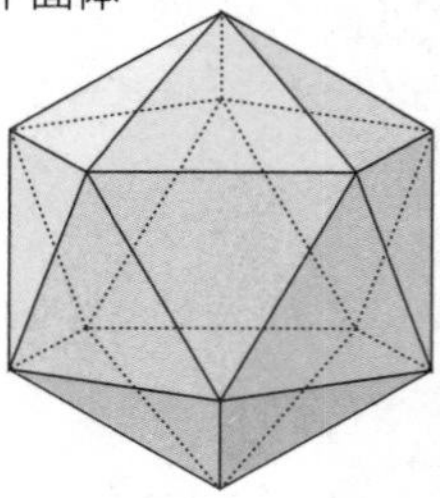

④六棱锥

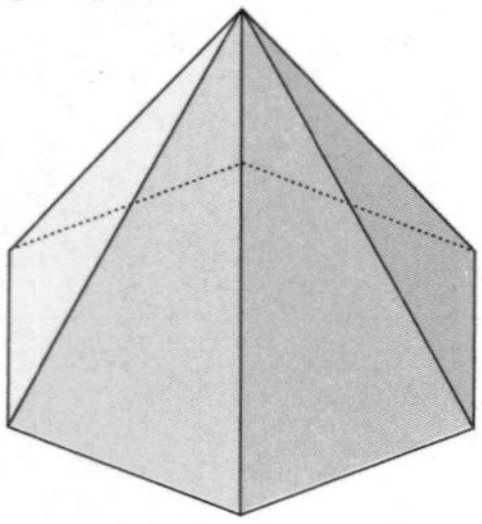

⑤三棱柱

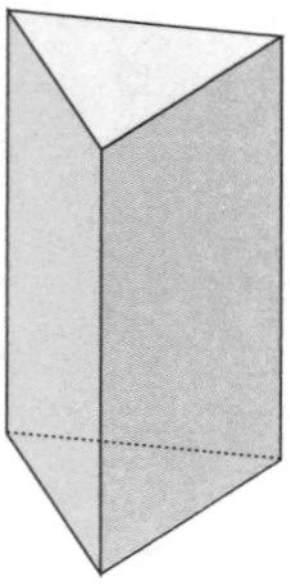

⑥圆台

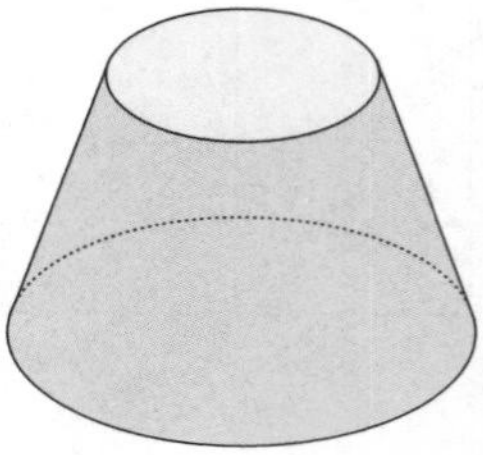

铺格子

怎样才能用一种2格小方块将图形铺满？图形小的时候，只要沉住气思考就能解开，图形变大的话比较麻烦。请你找出一种方法，可以迅速分辨出"可以铺满的条件"和"铺不满的条件"。

 下列图形可以用一种2格小方块铺满吗？如果可以铺满，怎样铺才好呢？

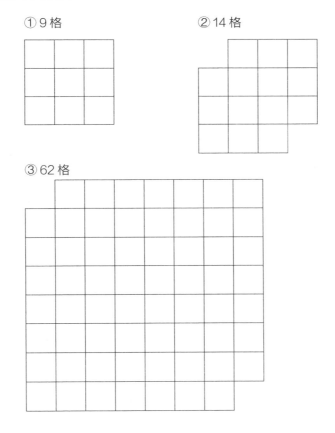

①9格

②14格

③62格

....

[A12] ①②③都不可能

①的格子为奇数，所以不可能。

将②的格子间隔涂上灰色与白色，你会发现灰色格子是8个、白色格子是6个。

同样，③是灰色格子32个、白色格子30个。如果是可以铺满的图形，那灰色格子的数量应该和白色格子的数量相等。

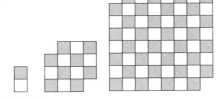

2格小方块

求各个图形的角度

在图形中隐藏着多样的美，其中之一就是角度所创造出的美丽世界。如果你仔细观察图形和角度的关系，就能发现其中隐藏着神奇的定律。让我们通过求角度，与有趣的图形世界做一次心灵对话吧。

 求下列三角形的角度。

内角之和为180°

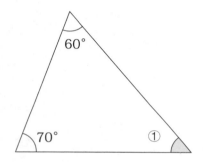

等腰三角形内角之和为180°，底角角度相同

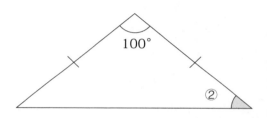

三角形外角角度等于不相邻内角角度之和

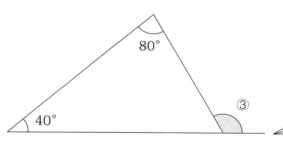

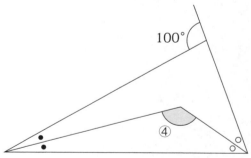

[A13] ① 50° ② 40° ③ 120° ④ 130°

① 180° −（60° +70°）=50°

②（180° −100°）÷2=40°

③ 80° +40° =120°

④ 100° ÷2=50° 180° −50° =130°

Q14 求下列四边形、多边形的角度。

四边形内角之和为 360°

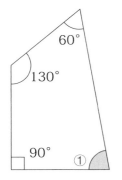

平行四边形内角之和为 360°，对角角度相等

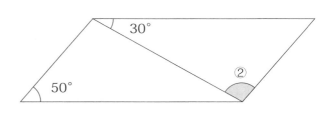

多边形内角之和 =（*n*-2）×180°

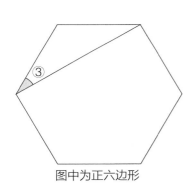

图中为正六边形

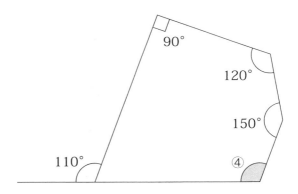

....

[A14] ① 80° ② 100° ③ 30° ④ 110°

① 360° －（60° +130° +90°）=80°

② 180° －（50° +30°）=100°

③正六边形的一个内角角度为（6-2）×180° ÷6=120°。要求的角是等腰三角形的一个底角，因此为（180° -120°）÷2=30°

④五边形的内角之和为（5-2）×180° =540°。有一个角的外角为110°，因此那个角就是180° -110° =70°。所以，540° －（90° +120° +150° +70°）=110°

求下列圆形、平行线的角度。

圆形内接四边形的内角之和为 360°，
对角之和为 180°

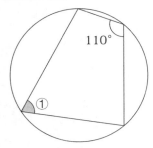

圆心角 ＝ 圆周角 ×2

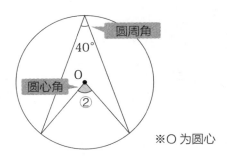

※O 为圆心

同一条弧所对的圆周角角度相等

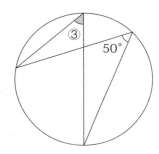

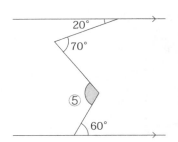

※O 为圆心

同位角、内错角、对顶角角度分别相等

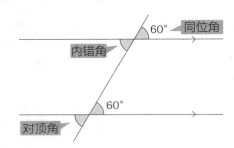

[A15] ① 70° ② 80° ③ 50° ④ 130° ⑤ 110°

① 180°－110°＝70°

② 40°×2=80°

③同一条弧所对的圆周角角度相等，所以为 50°

④圆周角为 100°÷2=50°，因为是圆形内接四边形，所以
180°－50°＝130°

⑤像右图一样引 2 条平行线。50°＋60°＝110°

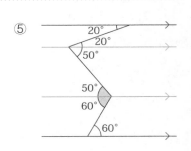

32

求对角线数量

求对角线数量虽然有公式可循，不过实际上有一种即使不使用公式，也可以一边画对角线一边解答的方法。请你思考一下其中隐藏着怎样的定律，并且列出求对角线的公式。

 求下列图形的对角线数量。

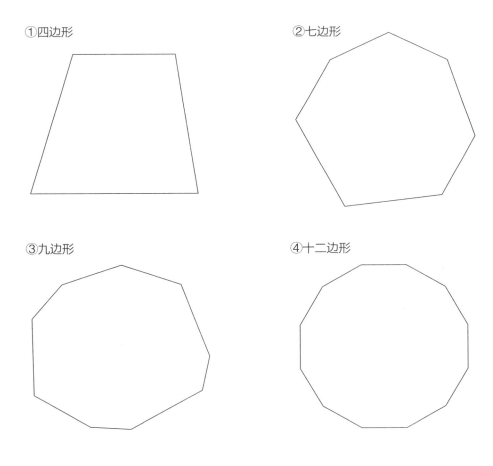

①四边形

②七边形

③九边形

④十二边形

[A16] ① 2 条 ② 14 条 ③ 27 条 ④ 54 条

n 边形有 n 个顶点。从一个顶点引出的对角线不能引向"自身"及"相邻的顶点"，因此是 $n-3$ 条。这样的话所有对角线的数量就是 $n \times (n-3)$ 条，但由于是两个顶点引一条对角线（自身引向对方的对角线与对方引向自身的对角线是同一条），所以必须再除以 2。因此，n 边形的对角线数量可以用 $n \times (n-3) \div 2$ 这个公式来求。

藏了多少个三角形

画出图形的对角线，你会发现其中出现了各种各样的三角形。能找到几个对角线所创造出的三角形呢？仔细观察，找一找吧！

 画有对角线的五边形。这个图形中有几个三角形呢？

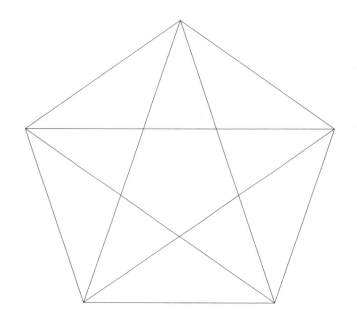

[A17] 35 个

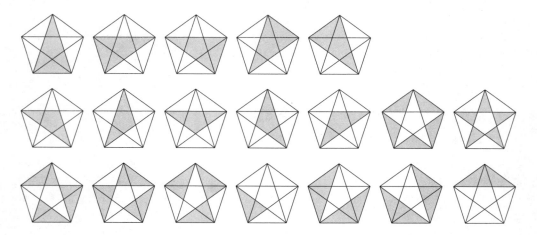

不可思议的图形

在数学世界中，存在着某种不可思议的谜题，即使被它欺骗，你也完全想不明白。其中最有名的就是这个问题：将剪成几块的图形重新拼上，不知为何中心总会缺一块。不论你怎么看图也想不明白，真是个令人头疼的问题呢。

Q18 左图为 7×7 格的正方形。沿图形上画的线将这个正方形剪开再拼好，就会变成右图的样子。然而，拼好后也应该是同样的正方形，不知为何中心却缺了一块。消失的一格到底去了哪里？

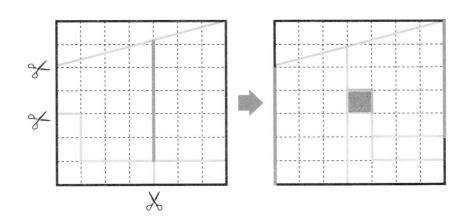

[A18] 那 1 格并不是消失了

仔细观察本页中加粗的蓝色线段，你会发现奥妙所在：重新拼上的图形变高了 $\frac{1}{7}$。也就是说，原本的图形是正方形（7 格 ×7 格），但是重新拼好的图形是长方形 [7 格 ×（7+ $\frac{1}{7}$ ）格]。变高了的格子一共有 7 个，因此面积增加了 1 格，相应地，中间的 1 格就"消失了"。

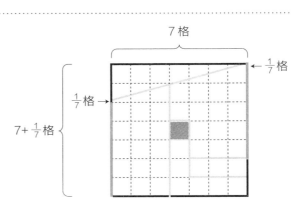

可以铺满平面的图形是哪一个

所谓正多边形，就是指像正三角形或正四边形一样"所有边长和所有内角角度都相等的多边形"。随着角（边）数量增加，其图形的形状会越来越接近圆形。

 n 个正多边形无重叠、无缝拼接，哪种正多边形能做到呢？可以肯定的是，正三角形是可以的，还有下图中哪些正多边形？

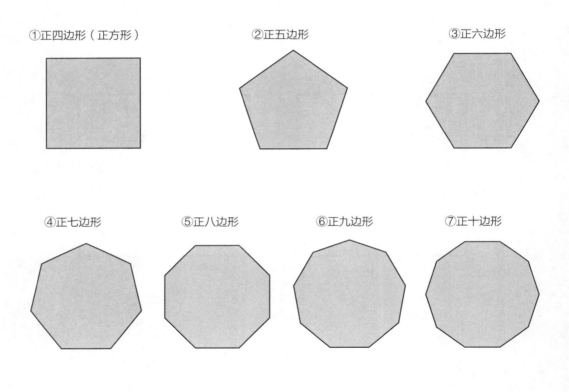

①正四边形（正方形）　　　②正五边形　　　③正六边形

④正七边形　　　⑤正八边形　　　⑥正九边形　　　⑦正十边形

[A19] ①正四边形（正方形）与③正六边形

请记住，能实现 n 个正多边形无重叠、无缝拼接的正多边形只有正三角形、正四边形（正方形）以及正六边形这三种。如果是三角形和四边形的话，不论是什么形状都可以用同一种图形将平面铺满。例如，2 个三角形可以组成一个四边形，6 个正三角形可以组成一个正六边形。可以这样说，平面世界就是由三角形构成的。

挑战火柴棒的智力游戏

这是用规定好根数的火柴棒摆出图形的智力游戏题。火柴棒的长度均等，很适合摆正方形和三角形。在这道智力题中，只要挪动一根火柴棒就可以创造出完全不同的图形来，作为大脑体操再适合不过了。请充分享受图形的奇妙世界吧！

 请解开下面的火柴棒智力谜题。

①请移动4根火柴棒，摆出3个大小相等的正方形。

②请移动4根火柴棒，摆出3个正方形。（正方形可以有重叠部分）

③请移动3根火柴棒，摆出4个正三角形。

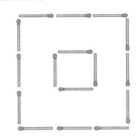

④只移动1根火柴，将这条算式变为另一个正确的算式。

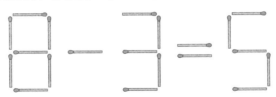

[A20]

①

②

③

④

盒子里的卡片

Q21 盒子里放有印着○和×记号的卡片各3张。卡片的大小、形状完全一样。盒子当中空出了一张卡片的位置，这6张卡片可以自由地在盒内滑动。

请问：能否将这6张卡片的位置彻底对调？要求是既不能将卡片从盒内取出，也不能损坏盒子。提示一下，移动卡片是很复杂的，不要限于移动卡片这一条思路。

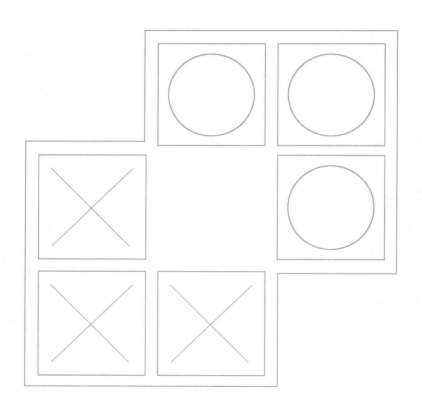

[A21] 将盒子转换180度即可

一次通过

这是一幢旧式洋房。你能一次通过所有的门，最后到达8号房间吗？

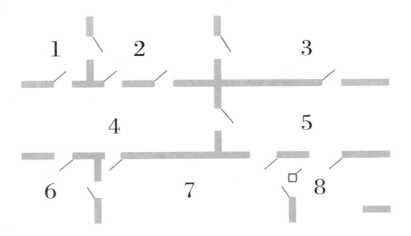

....

[A22]

从⑦号房间开始就可以到达。如图，只有连接⑦⑧的线条数为奇数，所以从⑦号房间出发可一次通过所有的门。顺序可为：

⑦→⑧→⑦→⑥→④→①→②→④→②→③→⑤→④→⑦→⑤→⑧。

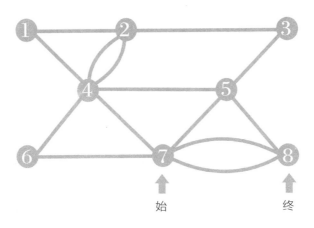

缺失图案

Q23 图像中的图案排列是有规律的，仔细观察方格中的图案，然后选出能使原来的图案完整的一项。

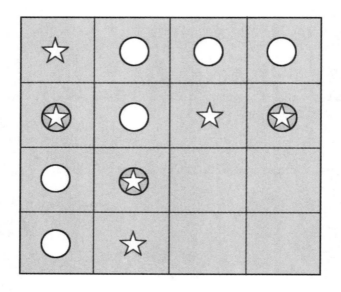

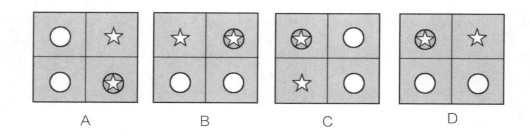

A   B   C   D

[A23] D

这个方格可以细分为由 4 个 2×2 的小方格组成。当你在整个画面中从左上角先向右上角然后再向左下角和右下角描画出一个 Z 字形，你会发现图案逆时针旋转了 90 度。

能否保持平衡

将下面的砝码放到秤盘上，使整组天平保持平衡（也就是说使这3根秤杆保持水平）。假设秤盘和秤杆的重量可以忽略不计，能做到吗？

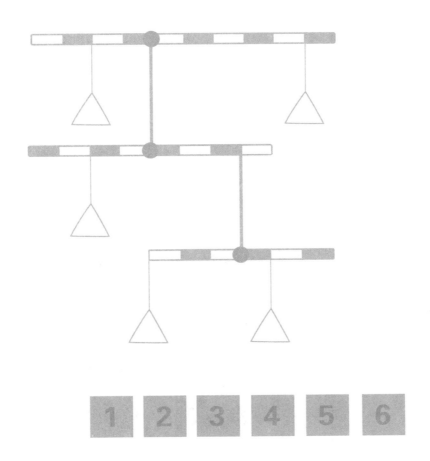

....

[A24] **最上层秤盘放的是2、4，中间层放的是6，最底层放的是1、3**

根据杠杆原理，最底层右侧砝码的重量应是左侧砝码的3倍。符合条件的组合只有1、3或2、6。假设是2、6组合，则中间层右侧砝码为8，根据杠杆原理，中间层左侧砝码必须为12。这与所给条件冲突。故最底层为1、3，再根据杠杆原理往上逐层递推即可得到答案。

数字与阴影

Q25 问号处的图形应该是哪一个？从 A、B、C、D 四个选项中选出一项，完成这组序列。解题的关键在于，不同图形叠加形成新图。

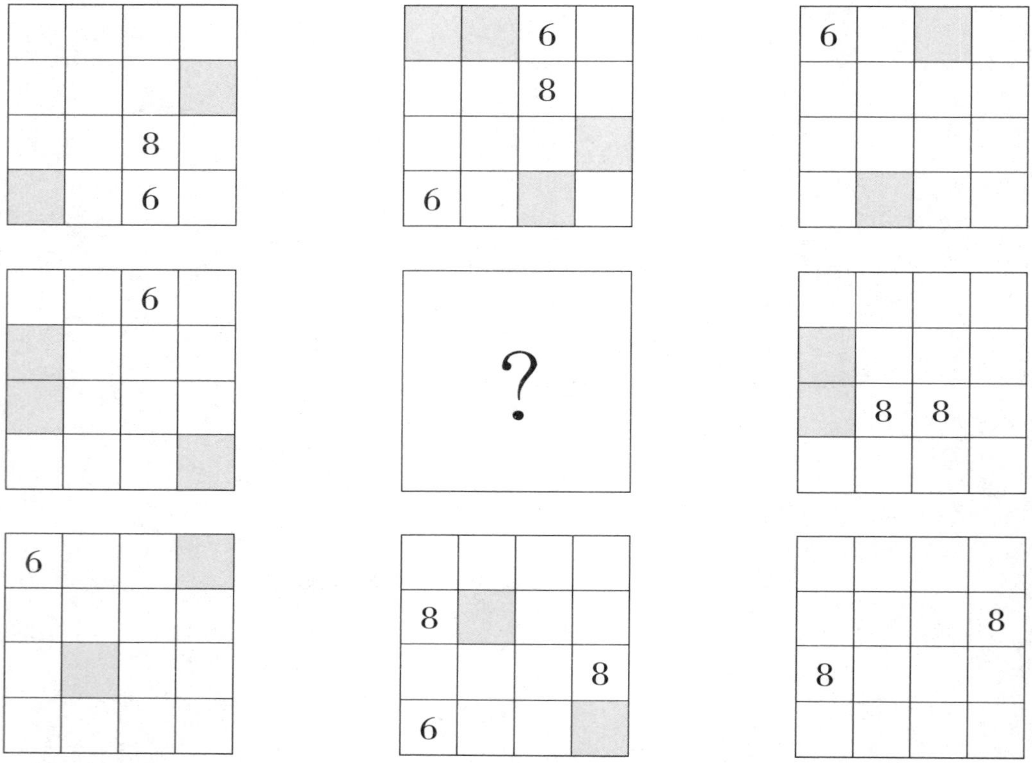

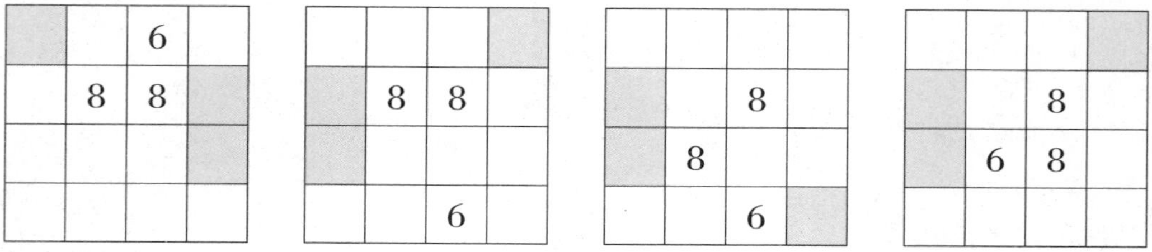

A　　B　　C　　D

[A25] B

横向进行计算，分别把第一列和第三列的表格中的数字以表格水平方向的中线为轴，翻转 180°，再把表格中的图形加在一起，就是第二列的图像。

划掉皇冠

 网格中有 36 个皇冠, 你能划掉 12 个皇冠, 使剩下的皇冠在纵、横每行的数目相等吗?

[A26]

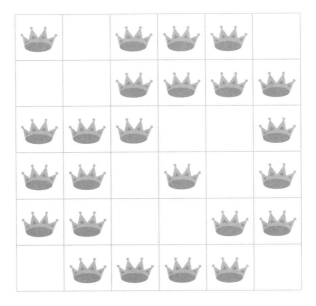

比大小

 你能用最快的方法观察出下面哪个图形的空白面积大吗?

①　　　　　　　　　　②

....

[A27] ①图形空白面积大

可把空白处分割成小三角形,三角形多的面积大。

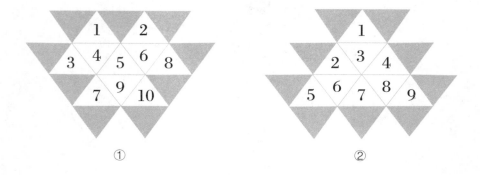

①　　　　　　　　　　②

44

增加的菱形

16 根火柴可搭成 3 个大小不等的菱形，而且每次移动其中的 2 根火柴，菱形就会增加 1 个，连续移动 5 次后，菱形就变成了 8 个。你说这可能吗？

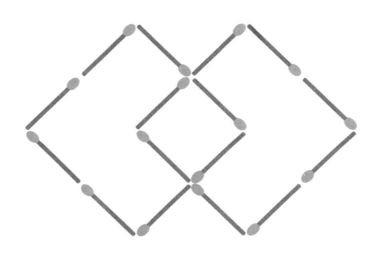

......

[A28] 可能

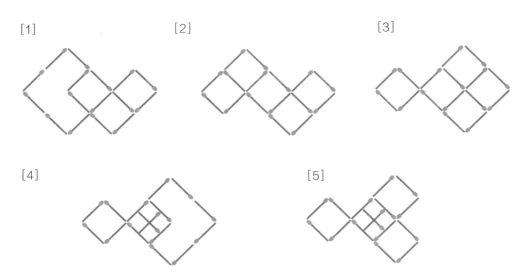

[1] [2] [3]

[4] [5]

军舰行动

下图是舰队司令在制定舰队进攻计划，他将根据计划追击敌军的小型炮艇编队并将它们摧毁。

从大型军舰所在的点为出发点，画出一条连续的航线，使军舰能沿着这条航线打击到所有 63 只敌军炮艇并最终返回起点，并要求所用直线数目最少。

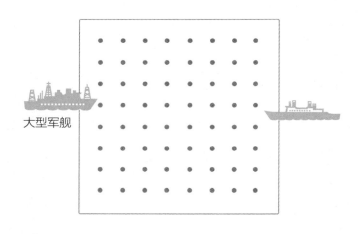

[A29]

在这道题目中，要求画出军舰的航线。可以说，用 15 ～ 18 条直线可以组成很多种航线方案，但是下面这种方案只用了 14 条直线段。

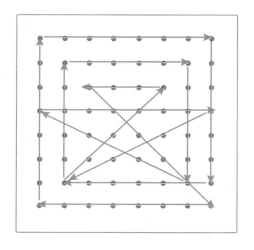

帕斯卡三角形

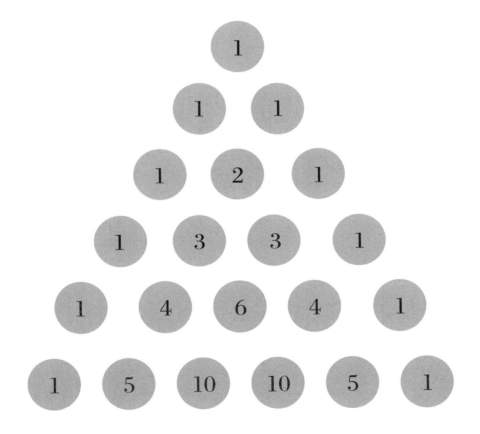

Q30 给出的图形是"帕斯卡三角形"，这个阵列在中国被称作"杨辉三角"，以纪念法国数学家、哲学家帕斯卡和中国数学家杨辉。如果下面还有一行，你知道应该填什么数字吗？

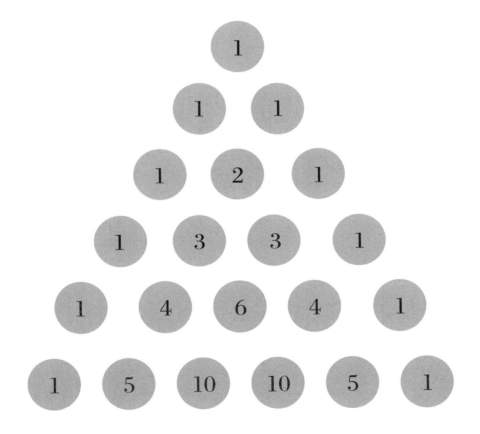

[A30] 1、6、15、20、15、6、1

除了等腰三角形的两条"腰"的数字是 1 不变之外，其他任何一个数字都是它上面的两个数字之和。

三分土地

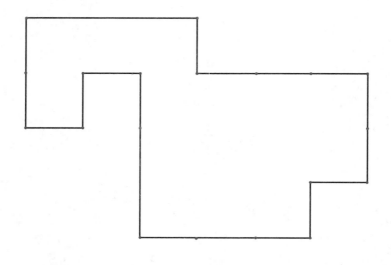

Q31 有一个农场主，家里有一块地，形状如图。他有 3 个儿子，儿子长大后，农场主决定把地分成 3 份给 3 个儿子。要求不仅面积一样大，形状也得相同。你知道需要增加几根火柴才棒能按要求摆出分地示意图吗？

[A31] 增加 7 根火柴棒

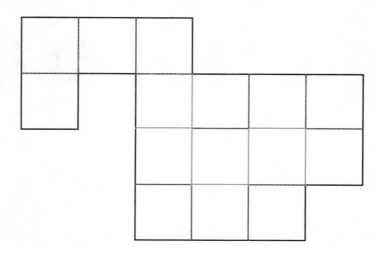

菊花图

将 1 ~ 19 个数字填入圆形中，使每个圆上的六数之和为 60，你能填上吗？

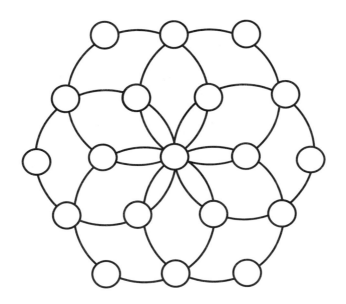

[A32]

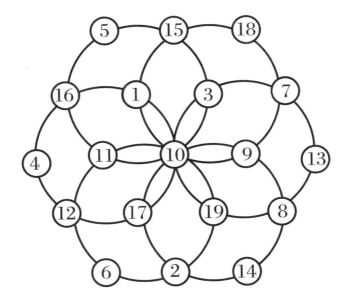

49

食物通道

Q33 动物管理员将 4 种动物的食物放在了不同的地方，管理员要为它们在这个笼子里打开一条通道，并且通道之间不能出现交叉，让它们尽快吃到自己的食物。你知道管理员该怎样设置动物的食物通道吗？

[A33]

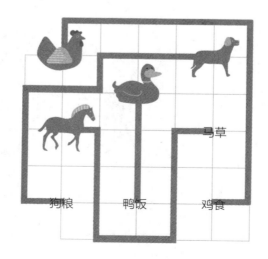

连小球

将图中的 12 个小球用直线连起来，形成一个十字架，要求有 5 个小球在十字架里面，有 8 个小球在外面。

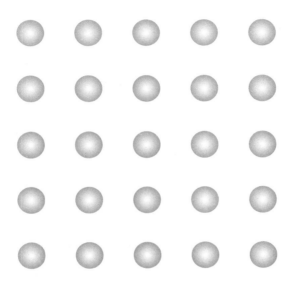

[A34]

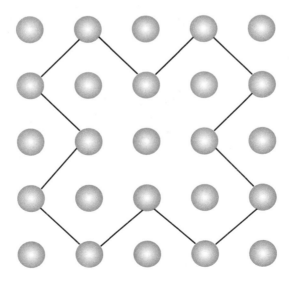

51

如何种树

Q35 有一块地上栽着 16 棵美丽的树，它们形成 12 行，每行 4 棵树（如下图）。其实，这 16 棵树可以形成 15 行，每行 4 棵树。你知道应当怎样栽种吗？

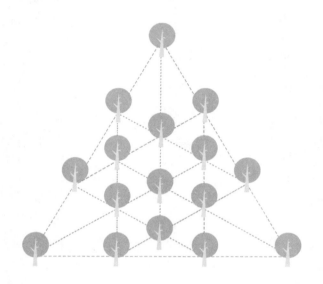

[A35] 按下图的栽法，可使得 16 棵树形成 15 行，每行 4 棵

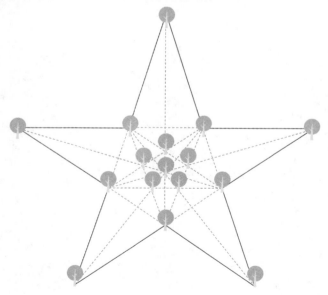

快速游古迹

Q36 一个旅游团从 A 地出发，最后目的地是 N 处，他们要游览图上所有的古迹。图上的数字单位是千米。这些旅游者要按什么路线游览，才能走最短的距离？

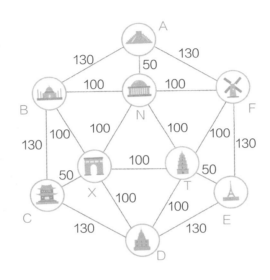

[A36] 按照 A→B→C→X→D→E→T→F→N 路线行走最短，走了 790 千米的路

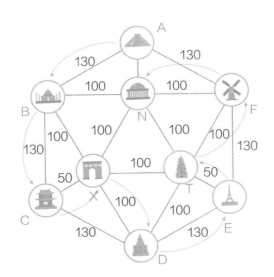

什么图形

从给出的图形中找出规律，指出最后一个三角形中应该放入一个什么图形？

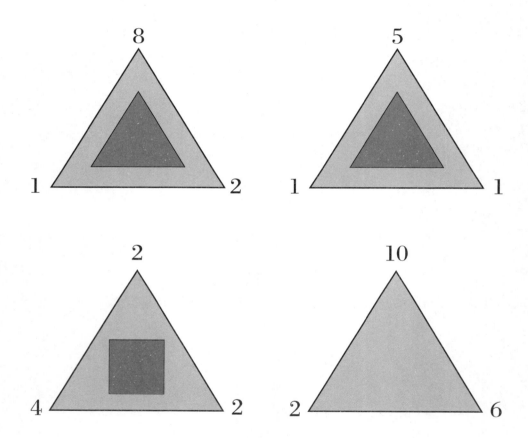

....

[A37] 正方形

如果三角形顶点上的数字之和是偶数，图形即为正方形；如果是奇数，图形即为三角形。

折不出来的图像

给出的 5 个选项中，有一个是不能按给出的展开图折出的，那么，你知道是哪一个选项吗？

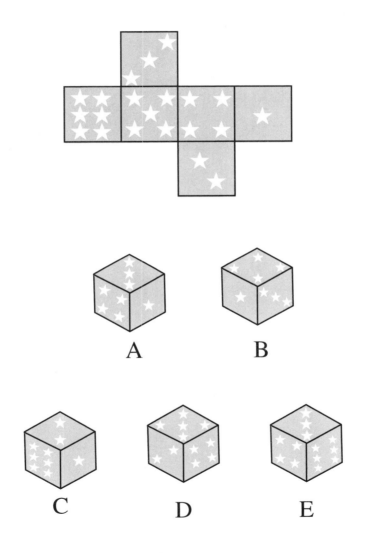

A   B

C   D   E

....

[A38] E

观察所给的展开图可知，四颗星星的所在的面与六颗星星所在的面，在折叠之后是不可能相邻的，所以答案为 E。

展开的四面体

 如果将如图所示的锥体展开，你认为是下面哪一个平面图呢？

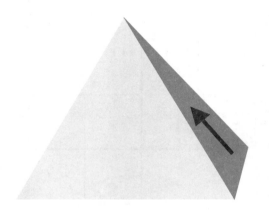

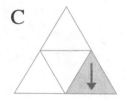

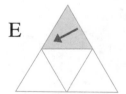

[A39] B

在每个备选项中，将中心位置的小三角形看作折叠后锥体的底，可知答案为 B。

鸭子戏水

湖里有 10 只鸭子在欢快地戏水，请你用 3 个同样大小的圆圈，把每只鸭子都分开。你知道怎么分吗？试试看吧！

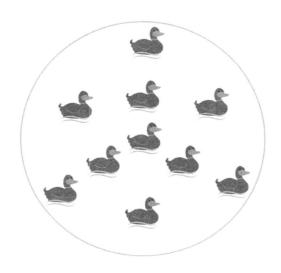

[A40]

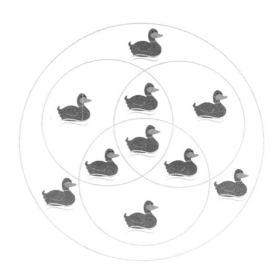

学生站位

Q41 老师在一个正方形操场上设立了一些位置。在表格中标上的数字代表相邻的空格中有几个站着人，例如"0"表示周围没有人。你能运用自己的智慧，将所有的学生正确标示在方格中吗？（操场上共有 4 个人）

	2			
			0	
	2	2		1
			1	
1				

[A41]

○	2			
	○		0	
	2	2		1
	○		1	○
1				

乘客与火车

火车正沿着 *AB* 方向前进。一个乘客在火车车厢的一侧沿着 *AC* 方向往前走。以地面为参照物，这位乘客正沿着哪个方向往前走呢？ 1、2、3 还是 4 ？

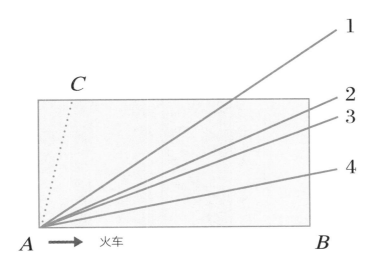

[A42] 2

行走路线如图。

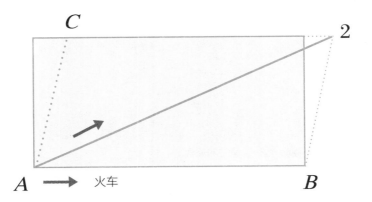

翻转符号

请问最少需要上下翻转几列，才能使每一行所包含的符号种类和数量完全相同？

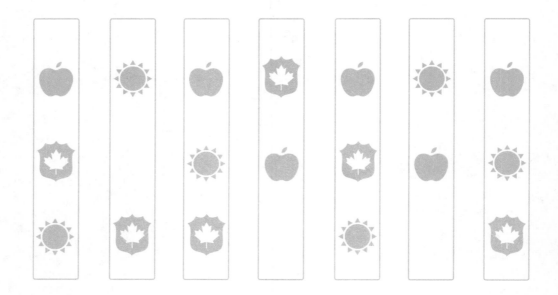

....

[A43] 最少要翻转三列，分别为第一、第三和第六列

图中共有苹果、枫叶、太阳 3 类 18 个符号，若使每行包含的符号种类和数量都相等，则每行 3 类、6 个符号。

数独游戏

Q44 游戏规则极为简单，事先在迷宫里填上部分数字，你只需要将其余数字填满迷宫的空格，并且每一行、每一列以及每一个九宫格里必须包含从"1"到"9"这9个不重复的数字，你就过关了。

7				6				8
	6				1			2
		9			4	5		
6						9		
	8	4	2		1		6	
								1
		1	4			3		
	2			9			8	
4				5				7

[A44]

7	4	2	6	5	3	1	9	8
5	6	8	7	1	9	4	2	3
1	3	9	8	2	4	5	7	6
6	1	7	5	4	8	9	3	2
9	8	4	2	3	1	7	6	5
2	5	3	9	7	6	8	4	1
8	7	1	4	6	2	3	5	9
3	2	5	1	9	7	6	8	4
4	9	6	3	8	5	2	1	7

请将 1 ~ 3 的数字填在下面的圆圈内，并且由 3 个圆圈连成直线的位置中，直、横和斜的每列填入的 1 ~ 3 不能重复。

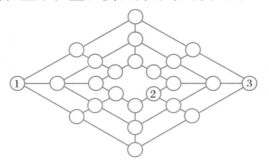

Q46 把 1 ~ 9 填入圆圈中，每列（左斜、右斜）填入的数字不能重复，且每一规定图形 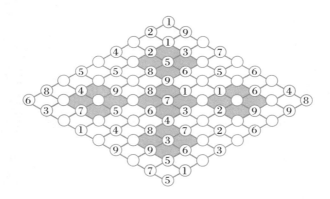 （填色的）填入 1 ~ 9 不能重复。

[A45]　　　　　　　　　　　　　　　[A46]

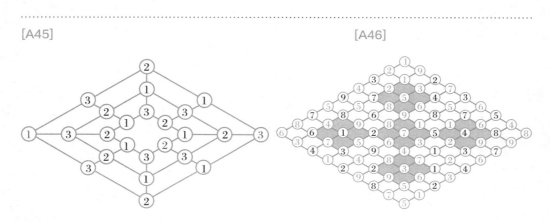

花坛面积

 有一个长 6 米、宽 4 米的花坛，图中阴影部分已经种上了花，你知道种花的面积吗？

提示：可以划分为数个三角形和长方形，分别求出其面积再求和即可。

6m

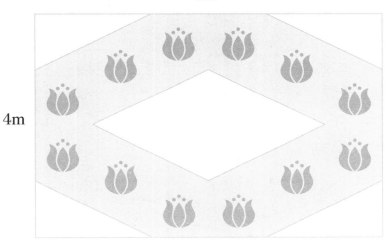

4m

[A47] 16 平方米

这个花坛可看作由 24 个边长为 1 米的正方形组成，根据提示，分别计算阴影部分三角形和正方形的面积，最终相加即可。

6m

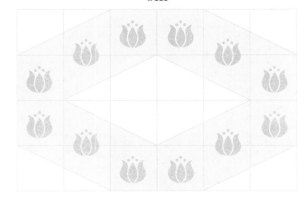

4m

变楼魔术

不能用任何绘画工具,将下图的一间平房变成两层高的楼房,你知道怎么变吗?

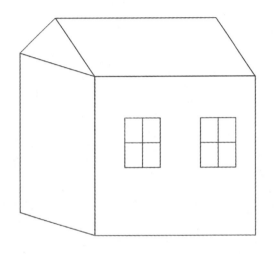

[A48] 将原图顺时针转动 90 度即可

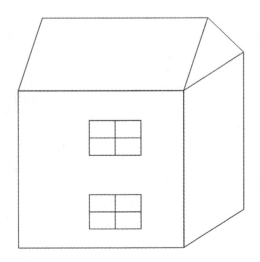

找不同

找出下列图形中与众不同的那一个。

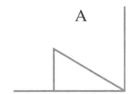

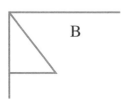

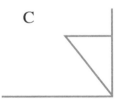

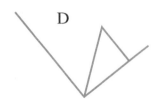

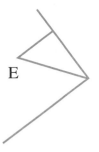

[A49] A

其他选项都是旋转角度不同的同一个图形。

五角星与圆

根据给出的规律,从给出的选项中找到正确的对应关系。

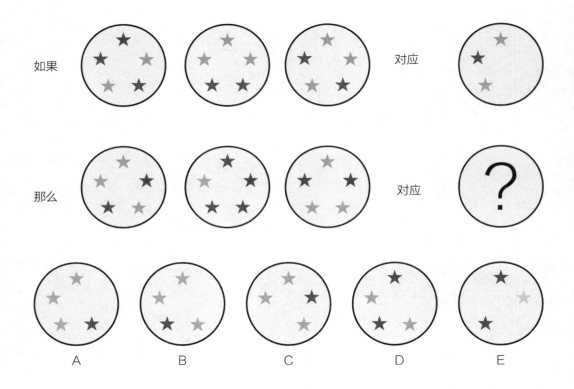

如果 ⋯⋯ 对应

那么 ⋯⋯ 对应

A   B   C   D   E

....

[A50] B

在前面三个圆形中,只有当同一种颜色的五角星在同一个位置出现两次的时候,它才会在最后一个圆形中出现。

圈图形

请用三个圆圈将以下图形分割开，使得每个圆圈必须包含一个椭圆、一个正方形和一个三角形，且任意两个圆圈内都不能包括两个以上完全相同的图形。你知道怎么画这三个圆吗？

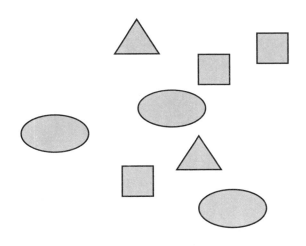

[A51]

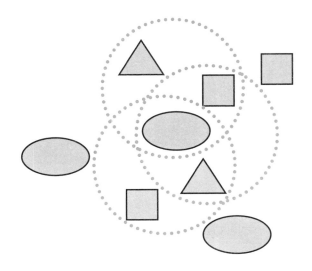

算面积

  这是由 9 个等边三角形拼成的六边形, 现已知中间最小的等边三角形的边长是 a, 问这个六边形的周长是多少?

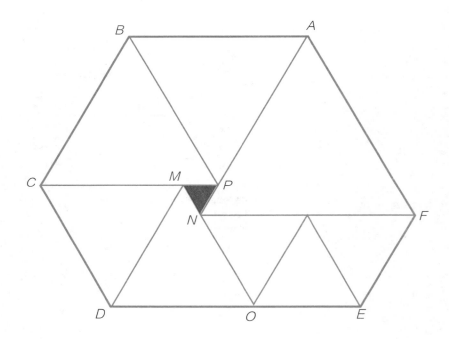

[A52] 30a

设 $EF=x$, 则 $EO=x$, $OD=x+a$, $DC=x+a$, $CB=x+2a$, $BA=x+2a$, $AF=x+3a$

根据题意

$FN=AN=AP+NP$

可得: $2x=x+3a$

解得: $x=3a$

所以, 围成的六边形的周长为 $3a+3a+（3a+a）+（3a+a）+（3a+2a）+（3a+2a）+（3a+3a）$

$=30a$。

从 1 ~ 19

将 1 ~ 19 的数字分别填入图中的 19 个心形中，要求：任何一条直线上的三个心形中的数字之和都等于 30。

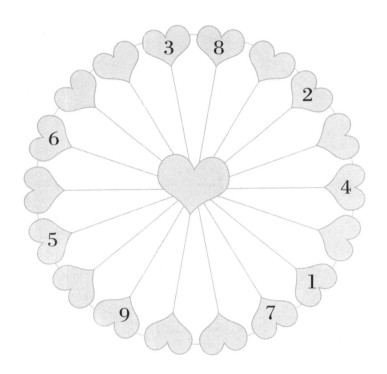

[A53]

注意，1 + 19 = 20，2 + 18 = 20，3 + 17 = 20，依此类推，将 20 的两个加数填在相对的圆圈中，而数字 10 填在中心的圆圈中。

比周长

Q54 如图，大圆中有4个大小不同的小圆A、B、C、D，小圆两两外切，且4个小圆的圆心都在大圆的一条直径上，A圆和D圆与大圆外切。请问，4个小圆的周长之和与大圆的周长比较，哪个长？

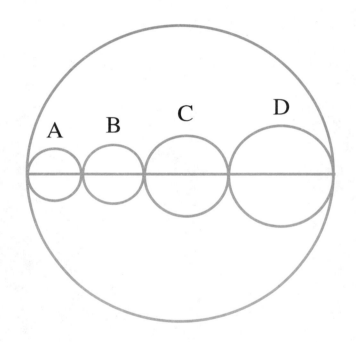

[A54] **一样长**

圆的周长是直径与圆周率的乘积，而4个小圆的直径之和刚好等于大圆的直径，圆周率是一定的，所以两者当然相等。

布线工程

Q55 如图所示，有3个公司：煤气公司 G，自来水公司 W 和电力公司 E。这3个公司分别负责把煤气、自来水和电送到 A、B、C 三户人家。同时，这3个公司设计的供应线，没有一个交叉点。那么：供应线应该怎样设置呢？

提示：需要注意的是，题目并没有要求路线最短。如果把题中的 A、B、C 看成"面"而不是"点"，问题就会变得很简单，也是符合生活实际的。

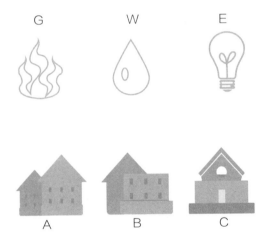

[A55]

如图。利用不交叉的供应线即都是平行关系进而得出结果，这是解题关键。

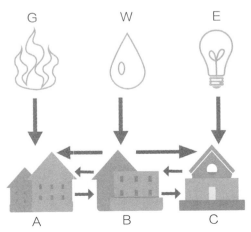

部分面积

两个正三角形和一个小星形（正六角形）组成下面的图形，
现在知道，两个正三角形组成的大星形的面积是 40 平方厘米。
你知道里面小星形部分的面积是多少吗？

提示：大星形由 12 个正三角形构成。同样，你先来分割里面小星形
的面积，再进行比较。

[A56] 10 平方厘米

我们通过分解可以看出：大星形由 12 个正三角形构成。其内部正六边形的面积是总面积的 $\frac{1}{2}$，即 20
平方厘米。小星形可以分解成 6 个菱形，其面积是正六边形的一半，即 10 平方厘米。

"9" 移动

 仔细观察下图排列规律，想一想，问号处应该填入哪个选项？

A   B   C   D

[A57] C

观察数字"9"，每一行第一幅图与第四幅图轴对称，第二幅图与第三幅图轴对称。

73

排图形

Q58 16个方格已有1、2、3、4四个四边形，要将上面另外12个图形也排进去，不论横行、竖行或对角线都不能有相同的数字和图形，该怎么排呢？

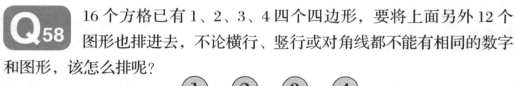

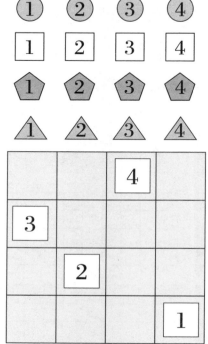

[A58]

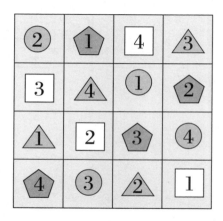

Part 2
逻辑 & 悖论 &
运算智力问答题

怎样才能将大家运送到对岸

　　在欧洲有一个十分著名的"渡河问题"，叫作"狼、山羊和卷心菜"。村民要把这三样东西用小船运到对岸去，但是这其中有两个组合是无法单独在一起的（狼吃山羊、山羊吃卷心菜）。请你避开这两种情况，自己动脑筋思考出答案。可以一边在纸上写，一边进行思考。

Q₁ 村民想把狼、山羊和卷心菜这三样东西用小船运到对岸去。然而，一趟只能运一样。并且，如果留下狼和山羊单独在一起，狼会吃掉山羊。如果留下山羊单独和卷心菜在一起，山羊会吃掉卷心菜。村民怎样做才能顺利将三样东西运到对岸呢？

对岸

小船

村民　　　狼　　　山羊　　卷心菜

● 答案见 77 页。

开关和灯泡

Q2 有甲、乙两间屋，甲屋有 3 个开关，乙屋有 3 个灯泡。在甲屋看不到乙屋，而甲屋的每一个开关控制乙屋的其中一个灯泡。

怎样可以只停留在甲屋、乙屋各一次，就知道哪个开关是控制哪个灯泡的呢？

提示：灯泡被点亮之后是有余热的。

[A1]

顺序	码头	小船	对岸
	🐺 🐐 🥬 🎩		
[1] 把山羊运到对岸	🐺 🥬	🐐 🎩	
[2] 返回码头	🐺 🥬	🎩	🐐
[3] 把卷心菜运到对岸	🐺	🥬 🎩	🐐
[4] 把山羊运回来	🐺	🐐 🎩	🥬
[5] 将山羊放回码头，把狼运到对岸	🐐	🐺 🎩	🥬
[6] 返回码头	🐐	🎩	🐺 🥬
[7] 把山羊运到对岸		🐐 🎩	🐺 🥬
			🐺 🐐 🥬 🎩

◐ 卷心菜和狼的顺序可以调换。

[A2]

打开一个开关，过一会儿关掉，再打开另一个开关，马上走到乙屋里。亮着的灯泡的开关就是第二次打开的开关。然后用手摸两个没有亮的灯泡，因为有一个开关事先打开了一会儿，所以有一个灯泡是热的，因此它就对应第一个开关。剩下的一个开关就对应另一个没有亮的灯泡。

阿基里斯真的追不上乌龟吗

　　在希腊神话中登场的英雄阿基里斯因跑得快而出名，然而，如果他和乌龟赛跑结果会怎样呢？在希腊哲学家芝诺的"芝诺悖论"中，提出了一个关于"无限"的令人着迷的悖论（从逻辑上来考虑矛盾重重）。

Q3 阿基里斯与乌龟进行赛跑。因为阿基里斯跑得非常快，所以让乌龟先跑一步。阿基里斯出发时，乌龟正好经过地点 A。阿基里斯追至地点 A 时，乌龟已经经过地点 B 了。按照这个思路考虑下去，阿基里斯是永远追不上乌龟的。然而实际的情况是，阿基里斯追上乌龟是很容易预见到的事。那么，阿基里斯永远追不上乌龟这个推论，到底是哪里不对呢？

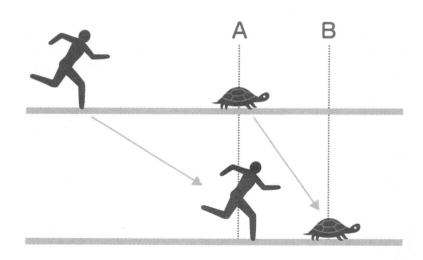

[A3]

因为这个故事只是将"阿基里斯追赶乌龟的时间"无限细分，描述每个时间点的位置。

阿基里斯永远追不上乌龟的悖论产生于一个误解，即"不论数值多么小，但只要有无数个，就会变成无限大的数值"。然而实际上，不断减少的数值（在这个故事中就是阿基里斯与乌龟之间的距离）无限相加会变成一个固定的数值。然后，在超越这个固定的数值时，阿基里斯就追上了乌龟。

出发的时间

Q4 一个人从甲地到乙地，如果是每小时走 6 千米，上午 11 点到达，如果每小时走 4 千米，下午 1 点到达，那么，你知道这个人是从几点走的吗？

等候错车

Q5 一列普通客车以每小时 40 千米的速度在 9 时由甲城开往乙城，一列快车以每小时 58 千米的速度在 11 时也由甲城开往乙城，为了行驶安全，列车间的距离不应当少于 8 千米，则客车最晚应在几时在某站停车让快车通过。

[A4] 从上午 7 点走的

由每小时走 6 千米，变为每小时走 4 千米，速度差为每小时 2 千米，时间差为 2 小时，2 小时按每小时 4 千米应走 4×2=8 千米，这 8 千米是由每小时走 6 千米，变为每小时走 4 千米产生的，所以说：8 千米 / 每小时 2 千米 =4 小时，上午 11 点到达前 4 小时开始走的，既是从上午 7 点走的。

[A5] 15 时

解本题的关键是求出两列火车间的速度差，由题知，两列火车的速度差为 18 千米每小时；从 9 小时到 11 时，普通客车所行使的路程为 40×2=80 千米，由题中两列火车间最少距离的规定，可设普通列车先行使 80 千米的路程所需时间为 x，所可列方程为 80-18x ≥ 8，解之得 x ≤ 4，故该普通列车应在 15 时在某站停车让快车通过。

刑警与逃犯

Q6 一名刑警紧紧盯上一名逃犯，就在刑警将要追上逃犯的时候，逃犯跑到了一个圆形的大湖旁边，岸边只有一只小船，他跳上船拼命地向对岸划过去。刑警实在不甘心就这样让逃犯逃走，他看到路边有自行车，就立即骑上一辆自行车沿着湖边向对岸追去。现在知道刑警骑车的速度是逃犯划船速度的 2.5 倍。请想想：在湖里面的逃犯还有逃脱的可能性吗？

[A6] **有逃脱的可能性**

逃犯如果聪明的话，可以先把船划到湖心，看准刑警的位置，再立刻从湖心向刑警正对的对岸划。这样他只划一个半径长，刑警要跑半个圆周长，即半径的 3.14 倍，而刑警的速度是歹徒的 2.5 倍，逃犯能在刑警到达之前先上岸跑掉。

追上骑车人

Q₇ 骑车人以每分钟 300 米的速度，从 102 路公交车始发站出发，沿 102 路公交车线路前进。骑车人离开出发地 2 100 米时，一辆 102 路公交车开出了始发站。这辆公交车每分钟行 500 米，行 5 分钟到达一站并停 1 分钟，那么要用多少分钟，公交车可以追上骑车人？

[A7] 15.5 分钟

公交车行驶 5 分钟到达一站，停车 1 分钟，公交车可行驶：500×5=2 500（米）。而骑车人可行：300×（5 + 1）=1 800（米）。

根据题意，公交车要追赶骑车人 2 100 米，公交车开离第二个站时，已追赶了骑车人：[500×5-300×（5 + 1）]×2=1 400（米）；这时公交车离骑车人还有：2 100-1 400=700（米）；那么再行：700÷（500-300）=3.5（分钟），即可追上骑车人。这样公交车前后共用了：（5 + 1）×2 + 3.5=15.5（分钟），即要用 15.5 分钟，公交车就可以追上骑车人。

猫狗比赛

Q8 一只猫和一只狗进行 100 米赛跑，狗比猫跑得快，猫跑到 90 米的地方，狗已经跑到了终点。有人为了让猫和狗能够同时跑到终点，就把狗的起跑线向后拉了 10 米，那么，这样做能够使猫和狗同时到达目的地吗？

提示：猫跑了 90 米的时候，狗在哪里呢？想到了这点，这道题就好解了。

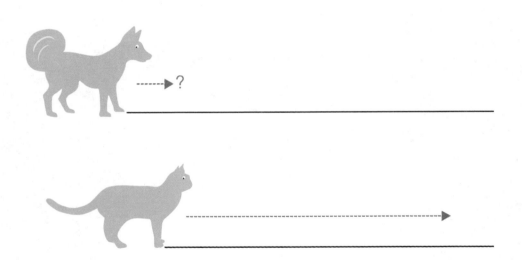

[A8] 不能同时到达终点

狗和猫的速度比是 100 比 90，当猫跑到 90 米处，狗正好跑了 100 米。但狗比猫跑得快，剩下的 10 米中，最后还是狗先到达终点。如果真要使狗和猫同时到达终点，可以把猫的起跑线向前推 10 米。就是让猫只跑 90 米，而让狗跑 100 米。

散步的距离

Q9 一个人在马路边散步，路边均匀地栽着一行树，从 1 棵树走到第 15 棵树，他共用了 7 分钟。他又向前走了几棵树后就往回走，当他回到第 5 棵树时共用了 30 分钟。这个人步行到第几棵树时就开始往回走？

及时赶回

Q10 有三个士兵请假出去玩，但按规定他们必须在晚上 11 点前赶回去。他们玩得太高兴了以至于忘记了时间。当发现的时候，已经是晚上 10 点 8 分。他们离兵营有 10 千米的距离。如果跑着回去需要 1 小时 30 分，如果骑自行车回去要 30 分钟。但他们只有一辆自行车，并且自行车只能带上一个人，所以必须有一个人要跑。那么，他们能及时赶回去吗？

[A9] 第 33 棵

第一次他走了 15-1=14 个间距，速度为每分钟 14÷7=2 个间距，剩下的 23 分钟这个人可以走 23×2=46 个间距，以第 5 棵树为基准，往回走到第 5 棵树比从第 15 棵树走到回头的地方要多走 15-5=10 个间距，即还能再向前走（46-10）÷2=18 个间距，即走到第 15+18=33 棵树时回头。

[A10] 能

必须是 1 个人先跑，另外两人乘自行车，当乘到一定距离时，再一个人骑车回来接跑的一个人，最后同时赶回兵营。因为自行车的速度是人的 3 倍，可先让士兵甲跑步，乙和丙骑车，骑到全程的 $\frac{2}{3}$ 处停下，士兵乙再骑车回来接甲，士兵丙跑步往营地赶。乙会在全程的 $\frac{1}{3}$ 处接到甲，然后他们骑着车往营地赶，他们可以和丙同时赶到营地，需要 50 分钟，可以提前 2 分钟回去。

兄弟两人

Q11 兄弟两人早晨 6 时 20 分从家里出发去学校，哥哥每分钟行 100 米，弟弟每分钟行 60 米。哥哥到达学校后休息 5 分钟，突然发现学具忘带了，立即返回，中途碰到弟弟，这时是 7 时 15 分。请问从他们家到学校的距离是多少米？

快了多少

Q12 以 100 米比赛来说，甲和乙比赛，甲领先乙 10 米到达终点。而乙和丙比赛 100 米赛跑时，乙领先丙 10 米取胜。那么，如果甲和丙来一次 100 米比赛，结果会是怎样呢？

几点离开

Q13 早晨 8 点多钟，有 A、B 两辆汽车先后离开甲地向乙地开去。两辆车的速度都是每小时 60 千米。8 点 32 分的时候，A 车离开甲地的距离是 B 车的 3 倍。到 8 点 39 分时，A 车离开甲地的距离是 B 车的 2 倍。那么，A 车是 8 点几分离开甲地的？

　　提示：39-32=7，在这 7 分钟里，A 车行驶的距离恰好等于 B 车在 8 点 32 分行过的距离的 1 倍。

....

[A12] 甲将领先 19 米

如果你的答案是"甲领先 20 米取胜"，那就错了。甲和乙的速度之差是 10%，乙和丙的速度之差也是 10%，但依此并不能得出"甲和丙的速度之差是 20%"的结论。如图所示，如果三个人在一起比赛，当甲到达终点时，乙落后甲的距离是 100 米的 10%，即 10 米；而丙落后乙的距离是 90 米的 10%，即 9 米。因此，如果甲和丙比赛，甲将领先 19 米。

[A13] 8 点 11 分

由提示可知，第一辆车在 8 点 32 分已行了 7×3=21（分），它是 8 点 11 分离开甲地的（32-21=11）。

疲惫的威利和蒂姆

Q14 威利和蒂姆分别居住在快乐镇和幸福镇，他们同时想要换个环境。于是，两个人分别前往对方的镇。两人很快在路上碰面了，碰面的地方距离快乐镇有 10 千米，他们相互招呼之后又各自上路了。但是他们发现，在陌生的城镇自己很难重新找到工作，威利认为幸福镇的人见钱眼开，蒂姆认为快乐镇的人不好共处。因此在别人的提议下，他们又开始返回自己原来的住处。两人即刻按原路返回，并且又在路上碰了面，碰面的地方距离幸福镇有 12 千米。

如果两个人是同时出发，并且始终保持匀速，请问，快乐镇和幸福镇之间的距离有多远呢？

[A14] **两镇距离 18 千米**

只需要做一些简单的加法和减法就可以算出这道题的结果。两人第一次碰面时，威利已经离开快乐镇 10 千米了，这时，他和蒂姆共走过的路程就是两镇之间的距离。第二次碰面时，两人共走过的路程是全长的 3 倍，因此第二次见面时，威利走过的路程就是 3×10 千米，即 30 千米，这样，威利在两人碰面的两点之间走过的距离就为 30-12-10=8 千米，而这一段他走了两次，这就可以算出两个碰面点之间的距离为 4 千米，那么快乐镇和幸福镇之间的距离为 10+12-4=18 千米。只要画出路线图，你很快就可以得出这个答案了。

帽子是什么颜色

这是一道"只根据最开始给出的条件，判断自己帽子颜色"的智力题。如果想知道自己的帽子是什么颜色，最重要的线索就是"我背后的人是怎样回答的"。只要你站在三个人各自的立场上换位思考一下，找到答案应该会出人意料地简单。

Q15 受小张邀请前来的甲、乙和丙，分别戴着红色或白色的帽子坐在如图的位置上。三个人都不知道自己的帽子是什么颜色的。小张说，三个人并非全部戴着红色的帽子。并且，三个人都无法回头，只能看到自己前面的人。此时，小张按顺序这样问道：

小张："你知道自己帽子颜色是什么吗？"

丙："不知道。"

乙："不知道。"

甲："知道！"

甲是怎样知道自己帽子颜色的？他的帽子到底是什么颜色？

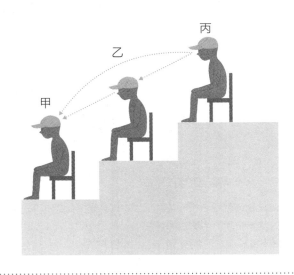

[A15]

甲是经过这样的思考后，明白了自己的帽子是白色的。我们知道有个条件是"三个人并非全部戴着红色的帽子"，那么如果"甲乙都戴着红色的帽子"，丙就肯定会明白自己的帽子是白色。然而丙却说"不知道"，那么剩下的二人只可能有两种情况，要么"一个是白色一个是红色"，要么就"两个都是白色"。这时，如果甲戴的是红帽子，那乙就肯定会明白自己的帽子是白色。然而乙却说"不知道"，因此甲明白了自己的帽子是白色的。

猜颜色

Q16 老师拿来3个红发卡和2个紫发卡。他让3位女孩同方向站成一排，A在前，B在中间，C在后，叫她们闭上眼，之后分别给她们戴上一个红发卡，将两个紫发卡藏起。然后老师说，可以睁开眼了。这时，C可以看到A、B头上的发卡，B可以看到A头上的发卡，A什么也看不到。

问：3位女孩中，谁能正确推断出自己头上所戴的发卡的颜色？

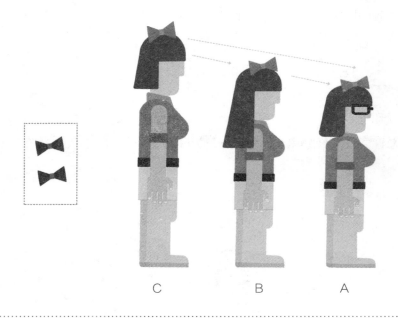

C   B   A

[A16] A可以正确地推出自己头上所戴的发卡的颜色

你想不到会是A女孩吧？这正是博弈论原理的实际运用，即从别人是怎么想的出发进行分析。

C不可能推断出自己头上的发卡的颜色。因她看到的只有两个红发卡，而老师给她们的是"三红二紫"，还剩"一红二紫"，她当然不能确定自己的发卡是红还是紫了。

B同样不可能推断出自己头上的发卡的颜色。因为她看到的只有一个红发卡，而老师给她们的是"三红二紫"，还剩"二红二紫"，她当然也不能确定自己的发卡是红还是紫了。

A虽然什么颜色的发卡都没有看见，但可以从B、C两个人推不出来中得到重要的提示。C不可能推出自己头上的发卡的颜色，说明A、B不可能都是紫发卡，如A、B都是，C当然能知道自己头上戴的是红发卡。但是B也推不出自己头上的发卡的颜色，这说明了A不是紫发卡。如果A是紫发卡，B从C不能推出自己头上的发卡的颜色中可以断定，B的头上是红发卡，如果她是紫发卡的话，C当然能知道自己头上戴的是红发卡。这样，A当然可以确定她的发卡是红色了。

Q17 还是 3 个红发卡和 2 个紫发卡。老师让 3 位女孩站成一个三角形，叫她们闭上眼之后分别给她们戴上一个红发卡，将两个紫发卡藏起。然后老师说，可以睁开眼了。这时，C 可以看到 A、B 头上的发卡，B 可以看到 A、C 头上的发卡，A 也可以看到 B、C 头上的发卡。

问：3 个人能否都推断出自己头上戴的发卡的颜色？

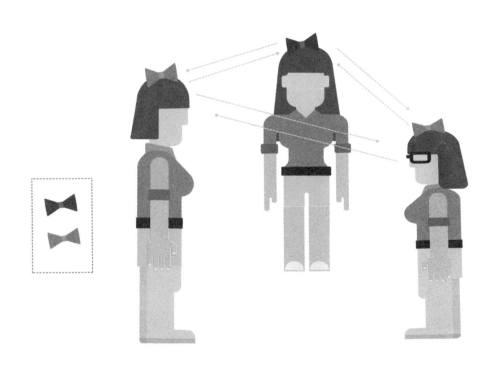

[A17] 三个人都有能推出自己头上发卡的颜色

甲看到两个红发卡，因发卡有"三红两紫"，还剩"一红一紫"，她无法判断。同样的道理，乙与丙也会这样想，这样分析。

既然三个人都无法一下子判断出来，甲就会进一步推想：如果她头上是紫发卡的话，乙看到"一红一紫"两个发卡，她无法判断自己头上发卡的颜色。可丙能从乙推不出来这一线索中，很快推出自己头上的是红发卡。因为丙是紫发卡的话，乙马上可推出她是红发卡。可丙也推不出她头上发卡的颜色，说明自己头上只可能是红发卡了。

同样的道理，乙与丙也会这样分析，从而可断定她们各自头上的发卡是红色的。

这道题其实还包含一个公共知识，那就是"每个人都是理性的，分析都是合理的"。

巧妙分辨

Q18 三个袋子分别装着 2 个黄色乒乓球、2 个白色乒乓球、1 个黄色和 1 个白色乒乓球。三个袋子上都有标签标明"黄黄""白白""黄白"。但现在却被小孩弄乱了,每个袋里装的球均与标签不一致了。怎样只拿出一个乒乓球,便弄清楚各个袋子里装的乒乓球的颜色?

[A18] 只要拿出"黄白"袋子中的一个球即可

因为每个袋中所装的球都与标签不一致,所以如果你拿出的是黄球,则"白白"袋子中装的是一黄一白,"黄黄"袋子中装的是两白;反之亦然。

两双同色的筷子

 有红色、白色、黑色的筷子各 10 根混放在一起。如果让你闭上眼睛去摸，至少拿几根，才能保证有 2 双同色的筷子，为什么？

最少人员

Q20 一个车队有三辆汽车，担负着五家工厂的运输任务，这五家工厂分别需要 7、9、4、10、6 名装卸工，共计 36 名；如果安排一部分装卸工跟车装卸，则不需要那么多装卸工，只要在装卸任务较多的工厂再安排一些装卸工就能完装卸任务。那么在这种情况下，总共至少需要多少名装卸工，才能保证各厂的装卸要求？

[A19] **10 根筷子**

从最特殊的情况想起，假定 3 种颜色的筷子各拿了 3 根，也就是在 3 个颜色里各拿了 3 根筷子，不管在哪个颜色里再拿 1 根筷子，就有 4 根筷子是同色的，所以一次至少应拿出 3×3 + 1 = 10（根）筷子，就能保证有 2 双筷子同色。

[A20] **26 人**

每车跟 6 个装卸工，在第一家、第二家、第四家工厂分别安排 1、3、4 个人是最佳方案。事实上，有 M 辆汽车担负 N 家工厂的运输任务，当 M 小于 N 时，只需把装卸工最多的 M 家工厂的人数加起来即可，具体此题中即 10+9+7=26。而当 M 大于或等于 N 时，需要把各个工厂的人数相加即可。

分不清的遗产

可能有不少人都觉得分数运算十分烦琐，一做起来就令人头疼吧。不过，有一些奇妙的数学智力谜题只有用分数运算才能解开。如果你能解开这些谜题，就一定会感受到分数的深奥与乐趣。

Q21 有一位父亲，经营着一所大牧场，有一天他决定将这个牧场分给他的 3 个儿子。于是他把 3 个儿子叫到面前说："牧场中总共有 57 头牛，我要将其中 $\frac{1}{2}$ 分给老大，将 $\frac{1}{4}$ 分给老二，将 $\frac{1}{5}$ 分给老三。"于是儿子们立刻兴高采烈地开始分配牛，然而如果按照父亲所说的来分配，就会变成老大 $\frac{57}{2}$、老二 $\frac{57}{4}$、老三 $\frac{57}{5}$，不论哪个人分到的牛的数量都带小数。3 个儿子请求父亲重新分配，但是父亲不同意。

邻居得知这件事以后来到牧场，把解决方法告诉了三兄弟。据说这个解决方法十分圆满，三兄弟没有产生任何争执，顺利地分配了牛。

那么，你知道他们是怎样分配父亲的遗产的吗？

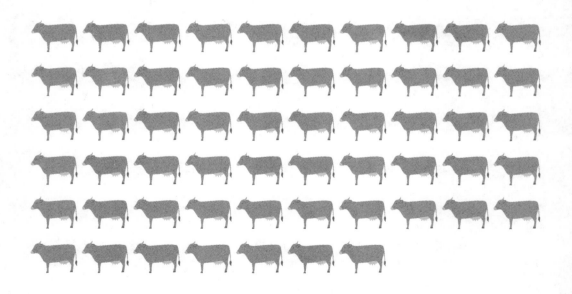

....

[A21] 分给老大 30 头牛，分给老二 15 头牛，分给老三 12 头牛

邻居牵来了自己家的 3 头牛，这样牛的总数就变成了 60，然后重新进行分配。分给老大 $\frac{1}{2}$ 即 30 头（$\frac{60}{2}$），分给老二 $\frac{1}{4}$ 即 15 头（$\frac{60}{4}$），分给老三 $\frac{1}{5}$ 即 12 头（$\frac{60}{5}$），这样就圆满地分配完了 57 头牛。剩下的 3 头牛，邻居又牵回了自己家。

日历中的规律

日历是一种用于记载日期等相关信息的出版物。你知道吗？日历中的数字排列有很多有趣的数学知识呢！

 请推测日历中的日期。

①某一天，小张发现办公桌上的台历已经有七天没有翻了，就一次翻了七张，这七天的日期加起来刚好是 77，请问这一天是几号？

②如果某月的 10 号是星期五，那么这个月里下面哪个日期也是星期五？

A. 4 号   B. 15 号   C. 24 号   D. 30 号

③在日历中随意取下一个 3×3 的方块，若所有日期之和是 189，那种中间方块代表几号？

日历中的数学规律

星期日	星期一	星期二	星期三	星期四	星期五	星期六
		1	2	3	4	5
6	7	8	9	10	11	12
13	14	15	16	17	18	19
20	21	22	23	24	25	26
27	28	29	30	31		

[A22]   ①15 号   ②C   ③21 号

①日历中数字为连续自然数，7 个自然数之和为 77，所以这七天中间那一天是 11 号（77÷7），其余六天分别是与保持 11 号连续的自然数，即：8 号、9 号、10 号、12 号、13 号、14 号。已经七天没有翻了，那么第八天就是 15 号。

②日历中竖排相邻日期为 $a±$（7 的倍数）关系，其中 a 表示某一天，可以是题目中的 10 号，那么同样是星期五的日期也可以，3 号（10-7），17 号（10+7），24 号（10+7×2），31 号（10+7×3）。

③日历中横排相邻日期为 $a±1$ 关系，竖排相邻日期为 $a±7$ 的倍数关系，假设中间数字为 a，可轻松求得 $a=21$。

是谁在说谎

这道题的难点在于只能提一次问题。因此解开这道题的关键点就在于，你要思考出一个问题，使老实人和骗子做出同一个回答，而不是去分辨他是老实人还是骗子。这种方便的提问究竟存在不存在呢？

Q23 小张在去往"数之国"的途中，遇到了一条岔路。如果选择正确的路就能到达"数之国"，但是小张不知道哪条路才是正确的路。在岔路口处站着两名"数之国"的看守者，一个人是老实村的村民，只会说实话，而另一个人则是谎言村的村民，只会说谎话。但是小张也不知道他们哪一个人才是老实村的村民。

并且，小张只能提出一个问题，然后根据"是"或"不是"的回答来分辨真假。

小张应该怎样提问才好呢？

[A23]

指着两条路中的任意一条，问"如果我问你'这条路是正确的吗'，你会回答'是'吗"。这样提问的话，如果是正确的路，不论老实人还是骗子都会回答"是"，如果是错误的路，不论老实人还是骗子都会回答"不是"。

问老实人……

如果是正确的路：回答"是"。

如果是错误的路：回答"不是"。

问骗子……

如果是正确的路：如果问"这条路是正确的吗"，骗子会回答"不是"。因此对于"你会回答'是'吗"这个提问，骗子会说谎回答"是"。

如果是错误的路：如果问"这条路是正确的吗"，骗子会回答"是"。因此对于"你会回答'是'吗"这个提问，骗子会说谎回答"不是"。

如何分车票

Q24 　　3位旅客在火车票代办处预定了3张不同方向的火车票。王经理是上海人，黄总是北京人，孙经理是广东人。他们3个人一个去上海，一个去北京，另一个去广州。他们3个人住在旅馆的同一个房间里，而且都很幽默。送票员把他们预订的车票送来时，王经理说他不想去上海，孙经理说他不去广州，而黄总他既不去北京，也不去广州。送票员一时被他们搞糊涂了，不知如何分配车票。这3张车票该如何分配呢？请你帮助送票员把车票分好，使他们都能顺利地到达目的地。

女人的年龄

Q25 　　4个女人的年龄分别是41、42、43、44岁，她们中的两个正在讨论年龄的问题，甲说："乙43岁。"丙说："甲不是41岁。"但无论谁说话，如果说的是关于比她大的人的话都是假话，说比她小的人的话都是真话。你能推断出，这几个女人她们分别是多少岁吗？

[A24]

黄总既不去北京，也不去广州，那么他一定是去上海。剩下了北京和广州两张车票，孙经理说他不去广州，则他的目的地应该是北京，而最后一张是王经理去广州的车票。

[A25] **甲是42岁，乙是44岁，丙是43岁，丁是41岁**

假设丙说的话是假话，那么甲就是41岁，而甲又比丙大。这个假设不成立。所以丙说的是真话，也就是甲比丙小。假设甲说的是真话，那么甲就是44岁，而甲又比丙小，这个假设也不成立，所以甲说的假话。也就是乙大于甲，丙大于甲，而甲不是41岁，那么只有丁是41岁了，甲是42岁，乙不是43岁，那就是44岁了，剩下丙为43岁。

鳄鱼的悖论

人们常常说"要为自己说的话负责",但如果话中充满矛盾呢……被指出矛盾的说话者一定会羞愧不堪吧。如果有极难解开的难题摆在你面前,你可以尝试用数学性、逻辑性思维来思考,这样说不定就能找到解决问题的头绪。

 小张带着爱犬正在散步,突然出现了一条鳄鱼,并且鳄鱼一口咬住了他的爱犬!

鳄鱼:"我要把你的狗吃掉!不过如果你能猜中接下来我要做什么,我就把狗还给你!"

小张一筹莫展,究竟怎样回答才好呢?

[A26] 回答"你会吃掉我的狗"或是"你不会把狗还给我"

如果鳄鱼把狗吃掉了(或是不还),就等于它的行动被猜中了,所以它必须把狗还给小张。但是如果它把狗还给小张,小张就又变成猜错了,它就又可以吃掉狗。那它就又吃掉狗……结果就这样一直循环下去,鳄鱼陷入了深深的思考中,小张和爱犬趁此机会安全逃生。

接着发牌

Q27 四个人一起玩扑克牌，轮到你发牌。如果按逆时针方向发牌，第一张发给右手的临座，最后一张是你自己的。当你正在发牌时，电话响了，你去接电话，回来后，你忘了牌发到谁了。现在，不让你数任何一堆已发的和未发的牌，但仍要把每个人该发的牌准确无误地发到他们的手里。你该怎么做呢？

推沙子

Q28 甲、乙、丙 3 人要推 4 车沙子。如果每人推 1 车还剩 1 车。甲说："我们用抛硬币的方式来决定吧。我们抛两枚硬币，如果落下后两枚都是正面，就让乙先推；两枚都是反面，就让我先推；一个是正面，一个是反面，就让丙先推。你们看怎么样？"丙很聪明，马上就猜到了甲的心思，他说："这样分配不公平。"

那么，你知道丙为什么这么说吗？

[A27] 如果全副牌总数是 52 张，则先发你自己；如果全副牌总数是 54 张，则第一张牌先发到你的对家

假设全副牌不包括大、小王，即总数 52 张，则把未发的牌从最后一张开始由下往上发，第一张先发你自己，然后按顺时针顺序把牌发完即可。如果全副牌总数是 54 张，则第一张牌先发到你的对家。

[A28]

抛出两枚硬币后，两枚都是正面的概率为 $\frac{1}{4}$；两个都是反面的概率为 $\frac{1}{4}$；一个是正面、一个是反面的概率为 $\frac{1}{2}$。因此，一正一反出现的可能性是其他两种情况的 2 倍，所以丙不同意这样分配。

猜扑克牌

桌上有 8 张已经编号的纸牌扣在上面。

①在这 8 张牌中，只有 K、Q、J 和 A 这四种牌。

②其中至少有一张是 Q。

③其中只有一张 A。

④每张 Q 都在两张 K 之间。

⑤至少有一张 K 在两张 J 之间。

⑥但至少有一张 K 和另一张 K 相邻。

⑦J 与 Q 对角相邻，A 与 K 也对角相邻。

它们的位置如图所示。你能找出这 8 张纸牌中哪一张是 A 吗？

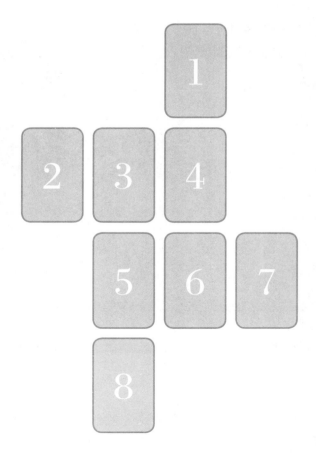

● 答案见 100 页。

财宝放在哪个箱子里

　　这是一道智力谜题，需要你在 3 个宝箱中找出装有财宝的箱子。即使你看完了问题，也很有可能一头雾水，看不出问题中所提示的线索。你首先要"按顺序思考"，这一点非常关键。有几个选项，要分别考虑"如果选择这个选项接下来会怎样"。

Q30 　　小张顺利到达"数之国"，并去觐见国王。国王十分欢迎小张的到来，并对小张说道："这里有 3 个宝箱。其中一个装有财宝，其余两个是空的。只有我知道哪个箱子里装有财宝。来，请随便挑选一个吧。"

　　小张苦恼了半天，最终选择了宝箱①。这时国王打开了另外一个箱子说道：

　　"这个宝箱是空的。那么，你真的要选择宝箱①吗？现在你还有机会选择其他箱子。"

　　那么问题来了，小张应该改选最后剩下的那个箱子，还是应该坚持选择宝箱①呢？

①　　　　　　　　　　②　　　　　　　　　　③

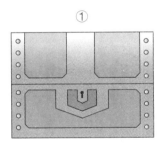 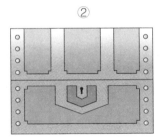 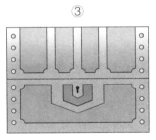

[A30] **应该改选最后剩下的箱子**

宝箱里有财宝的概率，不论哪个箱子都是 $\frac{1}{3}$。如果仍然选择宝箱①，那么概率仍为 $\frac{1}{3}$。接下来我们再来考虑一下改选剩下的箱子会是怎样的情况。如果财宝在宝箱①里，那就是错误选择。如果财宝在宝箱②里，那国王就应该是打开了没有财宝的宝箱③，小张打开宝箱②。如果财宝在宝箱③里，那国王就应该是打开了没有财宝的宝箱②，小张打开宝箱③。也就是说，如果改选最后剩下的箱子，选错的概率为 $\frac{1}{3}$，选对的概率为 $\frac{2}{3}$。因此，如果不改选的话选中概率为 $\frac{1}{3}$，改选的话选中概率为 $\frac{2}{3}$，所以最好改选。

Q31 小张接下来又拜见了"数之国"的公主殿下，公主殿下十分欢迎小张的到来，这样说道："这里有3个宝箱。每个宝箱上都刻着字，只有一个刻着真话，其余两个刻的都是假话。来，请随便挑选一个吧。"

小张应该选择哪个宝箱呢?

①	②	③

财宝在这个箱子里

财宝不在这个箱子里

财宝不在宝箱①里

....

[A29] 3是A

根据条件②④，Q的位置有4种可能: 3和6同时为Q; 3为Q; 6为Q; 4为Q。下面分别对这4种情况进行讨论:

若3和6同时为Q，则2、4、5、7或2、4、8为K，但这两种情况都不能满足条件⑤，排除。

若3为Q，则2、4为K，由条件⑦，A只能在5、7、8的位置上，且6不能为K，又由条件⑥，则1必须为K，同样不能满足条件⑤，排除。

③6为Q，则4、8或5、7为K，若4、8为K，不能满足条件⑤，若5、7为K，不能满足条件⑤，若5、7为K，由条件⑥，3必须为K，则2、4应为J（条件⑤），但这与条件⑦不符，排除。

④只能4为Q，此时1、6为K，5、7为J，8为K。现只剩下2、3个位置，根据要求可知，3为A，2为J。

所以8张牌如右图所示:

[A31] 宝箱②

假设宝箱①刻的是真话。那么宝箱②刻的也变成了真话，不符合"只有一个刻着真话"这个条件。因此，我们可以得知"宝箱①刻的是谎话"。这样一来，就说明宝箱③的"财宝不在宝箱①里"是真话。那么我们就可以推测出"宝箱②上刻的是谎话"，也就是说，财宝应该在宝箱②里。

谁和谁是一家

Q32 有 4 个男孩（童童、壮壮、可可、丁丁），分别是两对兄弟：童童和壮壮是兄弟，可可和丁丁是兄弟。他们 4 个人说了如下的话：

跑步的男孩说："拿着长笛的男孩是可可。"

拿着长笛的男孩说："溜冰的男孩是丁丁。"

溜冰的男孩说："拿着书的男孩是童童。"

拿着书的男孩说："拿长笛的男孩不是丁丁。"

如果说的是自己的兄弟，话都是真实的；如果不是兄弟，话都是假的。根据以上线索，说出这几个男孩分别是谁，谁和谁是一家的？

[A32] **拿长笛的和拿书的分别是童童、壮壮，他们是兄弟；跑步的和溜冰的分别是丁丁、可可，他们是兄弟**

如果拿长笛的和跑步的是兄弟的话，根据跑步人的发言，拿长笛的就是可可。拿书的所说不是关于兄弟的话就变成了真话，这就相互矛盾了。所以拿长笛的和跑步的不可能是兄弟。

如果拿长笛的和溜冰的是兄弟的话，根据拿书人的话（假话），可知拿长笛的人就是丁丁。拿长笛的所说关于是兄弟的话却成了假话，这就相互矛盾了。因此拿长笛的和拿书的不可能是兄弟。

所以，拿长笛的和拿书的是兄弟，跑步的和溜冰的是兄弟。

彩票中奖概率

你听说过"期望值""返奖率"这两个词吗？这是两个指标，表示"如果中奖能获得多少钱"。下面就让我们一起来思考一下，"彩票能中奖吗"？

 请求出下列彩票的期望值和返奖率。假设1张彩票300元。

等级	当选金额	人数（68组）	1组数 （1000万张）	当选金额 ×1 组的人数
1 等	4 亿元	68 人	1 人	①
1 等前后奖	1 亿元	136 人	2 人	②
1 等交错奖	10 万元	6 732 人	99 人	990 万元（100 000×99）
2 等	3 000 万元	204 人	3 人	③
3 等	100 万元	6 800 人	100 人	④
4 等	10 万元	6 万 8 000 人	1 000 人	1 亿元（100 000×1 000）
5 等	3 000 元	680 万人	10 万人	⑤
6 等	300 元	6 800 万人	100 万人	3 亿元（300×1 000 000）
			合计金额	⑥

期望值是除以发行的彩票张数（1 000 万张）得来的。

合计金额⑥ ÷10 000 000（1 组），即 1 张彩票平均期望值为⑦元。

1 张彩票为 300 元，100 元的平均期望值为⑦ ÷3，约为⑧元（返奖率约为⑧ %）。也就是说，对 100 元大约支付⑧元的奖金。

....

[A33] ① 4 亿元 ② 2 亿元 ③ 9 000 万元 ④ 1 亿元 ⑤ 3 亿元 ⑥ 14 亿 9 990 万元 ⑦ 149.99 ⑧ 50

① 400 000 000×1=400 000 000　　② 100 000 000×2=20 000 000

③ 30 000 000×3=90 000 000　　④ 1 000 000×100=100 000 000

⑤ 3 000×100 000=300 000 000

⑥ 400 000 000+200 000 000+9 900 000+90 000 000+100 000 000+100 000 000+300 000 000
+300 000 000=1 499 900 000

⑦ 1 499 900 000÷10 000 000=149.99　　⑧ 149.99÷3=49.996 ≈ 50

博彩必胜法

说起博彩，人们会想到赌马、自行车博彩、汽艇博彩、彩票等方式，以及"我想赢大钱，享受人生""预测比赛结果的紧张感很有趣"等各种不同的心理，可能博彩带给每个人的乐趣都不一样，不过逢赌必胜的"绝招"究竟存不存在呢？

 Q34 像赌马一样"赢了的话赌率（返奖金额即投注的钱数倍返还）会变成2倍以上的赌博"的必胜方法真的存在吗？如果有的话，那会是什么样的方法呢？

保证当选

Q35 四年级一班选班长，每人投票从甲、乙、丙三个候选人中选一人，已知全班共有 52 人，并且在计票过程中的某一时刻，甲得到 17 票，乙得到 16 票，丙得到 11 票。得票最多的候选人将成为班长。甲最少再得多少张票就能够保证当选？下面有四个选项，选择哪一项？

A. 1 张　B. 2 张　C. 4 张　D. 8 张

....

[A34] 必胜方法就是"输了就双倍投注，一直持续到赢为止"

例如一开始先投注 100 元，输了的话再投注 200 元，还输的话再投注 400 元……以此类推。这种方法叫作"马丁格尔法"。前期的赌金越充裕，可能赢的次数就越多。顺便说一下，赌率为 2 倍的情况下，不论哪场赢都只能赢到同最开始的赌资相当的 100 元，但如果是赢了之后赌率升高的情况下，就能赢得巨款。相反，如果赌率未达到 2 倍，那也有可能一分钱都赢不到。这种方法"高风险且回报不可测"，因此请务必谨慎使用。

[A35] C

共 52 票，甲已有 17 票，本题易误选为 A，认为甲如果得到 18 票就当选，但题干给定的是"能够保证当选"，此种情形下，乙可以超过 18 票。本题就最简单的可以采用代入法，当甲再得到 2 张时，共 19 票，此时除了丙的 11 张票，还剩下 22 张，乙可以全部获得，那么最高的是乙，排除 B；代入 C 项 4 张，甲 21 票，除了丙的 11 票，还剩下 20 票，此种情形下甲最高，而且恰好比第二名只高出一票，C 是正确的；代入 D 项 8 张亦可，但题干要求的是"最少"。故选 C。

多数表决的陷阱

大家都认为"多数表决反映了所有人的意见，是最民主的方法"。但是，如果存在并非如此的情况会怎样呢……明确这一点的人是法国数学家、政治家孔多赛。请不要无论说到什么事都立刻说出"我们多数表决吧"这句话，谨慎思考、充分讨论是十分重要的。

Q36 甲乙丙三个人准备出门旅游。但是三个人想去的地方全都不一样，甲想去巴黎，乙想去东京，丙想去上海。虽然按照想去的顺序排出了名次，但是没有一致的地方，很难确定下来。

①于是大家决定，采取多数表决的方式来决定去巴黎还是去东京，然后获胜的一方再与上海进行较量，进行第二回合的多数表决。在第一次多数表决中东京获胜，在第二次多数表决中上海获胜。不过老家在上海的乙对这个结果表示了质疑。

乙："等等！这个办法不行啊！"

乙为什么反对呢?

	巴黎	上海	东京
甲的希望	1	2	3
乙的希望	2	3	1
丙的希望	3	1	2

②乙提出了以下方案。

乙："我可不想回老家旅游！我们再来一次多数表决好了，决定是'取消旅游'还是'去上海旅游'！"

于是，他们三人又进行了一次多数表决，没想到结果变成了"取消旅游"！这样的事情可能发生吗?

● 答案见 105 页。

确保胜利

Q37 1 111 个空格排成一行，最左端空格放有一枚棋子，甲先乙后轮流向右移动棋子，每次移动 1 ~ 7 格。规定将棋子移动到最后一格的人为输家。甲为了获胜，第一步必须向右移动多少格？

同班同学同日生的概率是多少

概率表示事情容易发生的程度。一定会发生的事为“概率 1”（100%），完全不可能发生的事为“概率 0”（0%）。如果同班同学和你生日在同一天，你们两个人都会很惊讶，怎么会这么巧呢。那么从数学的角度来看，真的是这么巧吗？

Q38 在有 35 名同学的班级中，至少有一对同学生日在同一天，请求出其概率。请注意，1 年为 365 天，生日没有偏差。

➲ 答案见 106 页。

[A36] ①因为根据多数表决的顺序，不论哪个地方都有被选上的可能

②可能发生

②把“取消旅游”的选项也加上再来进行排名，假设得到以下结果。“上海”与“取消旅游”相比较，多数人（甲、乙）都倾向于选择“取消旅游”。但是，与其选择“取消旅游”，还不如选“巴黎”，还可以说是大家都比较想去的地方。

	巴黎	上海	东京	取消旅游
甲的希望	1	3	4	2
乙的希望	2	4	1	3
丙的希望	3	1	2	4

[A37] 甲第一步必须向右移动 5 格

一开始棋子已占一格，棋子的右面只有 1 110 个空格。只要甲始终保留给乙（1+7=8）的倍数加 1 格，就可获胜。

（1 111−1）÷（1+7）=138……6

所以甲第一步必须移 5 格，还剩下 1 105 格，1 105 是 8 的倍数加 1，以后无论乙移几格，甲下次移的格数与乙移的格数之和是 8，甲就必胜。因为甲移完后，给乙留下的空格数永远是 8 的倍数加 1。

突击测验

大家在上学时都经历过不知何时就会袭来的"突击测验"吧？估计大部分人对此都没有什么美好的回忆。除非老师自己忘记了，否则还真是没什么可能逃过突击测验呢。那么，究竟有没有办法可以让突击测验失效呢？

Q39 终于熬到星期五了，明天就是周末。没想到在放学时，小张班上的老师这样对学生们说："下星期我们进行突击测验。不过，既然是突击，那我们就这样来进行——在预测不到当天是否进行突击测验的那一天，我们进行突击测验。"

听到这里，同学们抱怨纷纷，但是小张立刻站了出来说道："大家不用担心！我有办法让这次突击测验无法进行。"

你知道小张的办法是怎样的吗？

星期一	星期二	星期三	星期四	星期五

......

[A38] 约为81.4%

"同班同学中至少有一对生日在同一天的概率 =1− 每个人生日都不同的概率"，这样求即可。第二人与第一人生日不同的概率为 $\frac{364}{365}$，第三人与前面两人生日不同的概率为 $\frac{363}{365}$。这样来考虑的话，"每个人生日都不同的概率"为 $\frac{364}{365} \times \frac{363}{365} \times \cdots\cdots \times \frac{332}{365} \times \frac{331}{365} \approx 0.1856\cdots\cdots$因此，"同班同学中至少有一对生日在同一天的概率"为 1−0.1856=0.8144，即约为81.4%。

[A39]

小张是这样想的：在每天一早就预测是当天进行测试，这样无论预测是否正确，测验都无法进行。

用秤问题

　　"公制"是以地球为基准制定的，之后又依据"公制"制定出了体积和重量单位（1 000 立方厘米的体积是 1 升，1 升水的质量是 1 千克）。可以这样说，所有的单位都是"地球"的孩子。让我们对问题发起挑战，让思绪在地球上奔驰吧！

Q40 小张想用秤测量药的重量，但是秤砣只有 4 个，分别为 1 克、3 克、9 克和 27 克。只使用这 4 个秤砣，应该怎样做才能测量出下面的重量呢？

① 5 克
② 11 克
③ 20 克
④ 33 克

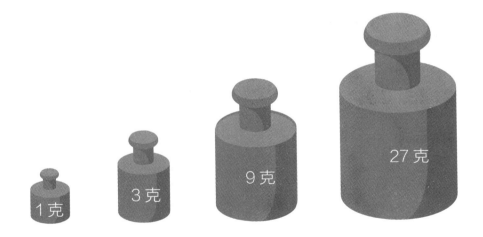

1克　3克　9克　27克

[A40] ①秤左边放 9 克的秤砣，右边放 3 克的秤砣、1 克的秤砣和药
　　　②秤左边放 9 克的秤砣和 3 克的秤砣，右边放 1 克的秤砣和药
　　　③秤左边放 27 克的秤砣和 3 克的秤砣，右边放 9 克的秤砣、1 克的秤砣和药
　　　④秤左边放 27 克的秤砣和 9 克的秤砣，右边放 3 克的秤砣和药

Q41 下面有 10 个装满了硬币的布袋子。有 9 个袋子中装的是货真价实的硬币，只有 1 袋中装的是假币。用肉眼无法区分真币与假币，不过它们的重量略有差异，真币为 10 克，假币为 11 克。你能够只称重一次，就分辨出哪个袋子中的硬币是假币吗？

怎样倒水

Q42 有一个盛有 900 毫升水的水壶和两个空杯子，一个杯子能盛 500 毫升，另一个杯子能盛 300 毫升。请问：应该怎样倒水，才能使得每个杯子都恰好有 100 毫升水？不允许使用别的容器，也不允许在杯子上做记号。

[A41] 可以分辨

先将 10 个布袋子编上号，从 1 至 10。然后从 1 号袋中取出 1 枚硬币、从 2 号袋中取出 2 枚硬币……以此类推，编号是几就从袋子中取几枚硬币，然后将这些硬币一起称重。如果 1 号袋中的硬币是假币，那就会比正确的重量多出 1 克来。如果 2 号袋中的硬币是假币，那就会比正确的重量多出 2 克来。像这样观察多出来的重量是几克，就能够分辨出哪袋硬币是假币了。

[A42]

把两个杯子都倒满，然后将水壶里的水倒掉。接着将 300 毫升杯子内的水全部倒回水壶，把大杯子的水往小杯子里倒 300 毫升，并把这 300 毫升水倒回壶中，再把大杯子剩下的 200 毫升水倒往小杯子。把壶里的水注满大杯子（500 毫升），这样，桶里只剩 100 毫升水。再把大杯子的水注满小杯子（只能倒出 100 毫升），然后把小杯子盛的水倒掉，再从大杯子往小杯子倒 300 毫升，大杯子里剩下 100 毫升，再把小杯子里的水倒掉，最后把水壶里剩的 100 毫升水倒入小杯子。这样每个杯子里都恰好有 100 毫升的水。

四进制算式

 这是一个四进制的算式。在这个算式中，字母 A、B、C、D 分别代表 0、1、2、3 中的某一个数字。请问按此算式，字母 A、B、C、D 各代表什么数字？

提示：在四进制中，加法运算是这样进行的：

0+0=0　0+1=1　0+2=2　0+3=3

1+1=2　1+2=3　1+3=10

2+2=10　2+3=11

3+3=12

$$A \quad B \quad C \quad D$$
$$+ \quad C \quad B \quad A \quad B$$
$$\overline{B \quad B \quad C \quad B \quad B}$$

[A43] A=2　B=1　C=3　D=0

现在我们可以根据提示中的运算结果来确定算式中的数字。由于和的首位 B 是由进位而得的，而 A + C 最大只能是 11，因此不管下一位 B + B 是否进位，A + C 只能进位 1，从而得 B=1；将 B=1 填入后，立即可得 D=0。现在 A 和 C 只能在 2 和 3 中取，但不论 2 + 3 还是 3 + 2 都会进位 1，所以 C=B + B + 1=1 + 1 + 1=3，于是 A=2。原算式如下图所示。

$$2 \quad 1 \quad 3 \quad 0$$
$$+ \quad 3 \quad 1 \quad 2 \quad 1$$
$$\overline{1 \quad 1 \quad 3 \quad 1 \quad 1}$$

巧算除式

 20 世纪初，英国数学家贝韦克发现了一个特殊的除式问题。想一想，你能将这个特殊的除式填写完整吗？

```
                              X X 7 X X
              X X X X 7 X ⟌ X X 7 X X X X X X X X
                          X X X X X X
                          X X X X X 7 X
                          X X X X X X X
                            X 7 X X X X
                            X 7 X X X X
                            X X X X X X X
                            X X X X 7 X X
                            X X X X X X X X
                            X X X X X X X X
                                        0
```

....

[A44] 被除数是 7 375 428 413，除数是 125 473，商是 58 781

110

圆周率 π=2 吗

用圆周率（π=3.14159……）和半径 r，即 2πr 可以求得圆周长。由于 π 大于 2，也就说明"直径 2r"要比"半圆的圆周 πr"短。不过，再仔细想一下，这不就等于说"π=2"吗？

Q45 有一个半径为 1 的半圆，这个半圆的圆周为 π。假设有两个以半径的二分之一为半径的半圆，它们的圆周长与第一个半圆的圆周长相等（ ×2=π）。假设这两个半圆再分作四个半圆，那这四个半圆的圆周长与第一个半圆的圆周长相等（ ×4=π）。

如果像这样一直持续下去，随着半径变得原来越小，最后圆周 π 就会等于直径 2。当然，实际上这是不可能的，那么这个推论到底哪里出了问题呢？

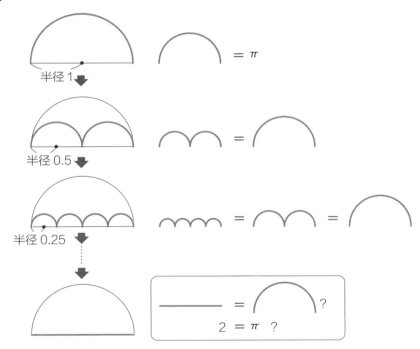

[A45] "半径渐渐变小，最后圆周 π 等于直径 2"这个理论是错误的

无论半径变得多小，"线描绘出弧"这个性质是不变的，作为"直线"的半径与此性质相悖。因此，长度并不相等。

鸳鸯棋

鸳鸯棋是一种非常有趣的智力游戏。玩家将一列黑白交错排列的棋子，按照规则改为相同颜色的摆放在一起。这个游戏大概得名于黑棋与白棋看起来好像一对鸳鸯吧。这个游戏在欧洲也十分有名，叫作"泰特之谜（Tait's 8 coin puzzle）"，是将金币与银币交错排列来玩的。

Q46 有一列黑白相间排列的棋子，如下图。如果想将这些棋子改为相同颜色的摆放在一起，至少要移动几次棋子？

注意规则哦！相邻的两个棋子必须一起移动，且不能掉转棋子的方向。并且，移动的两个棋子只能放进空着的位置上。

①白棋与黑棋各3枚

②白棋与黑棋各4枚

....

[A46] ① 3次　② 4次

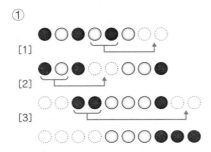

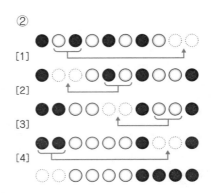

112

总和为 10

Q47 将下图中的数字重新排列，使每行、每列、对角线中的数字不能重复出现，并使每行、每列中的数字相加的总和为 10。你知道怎么排列出来吗？

0	1	3	0	4
2	2	4	2	1
4	1	3	4	0
3	0	1	3	1
4	2	0	3	2

[A47]

4	1	3	0	2
3	0	2	4	1
2	4	1	3	0
1	3	0	2	4
0	2	4	1	3

怎样才能将断掉的手镯接好

　　这道智力题很考验你的"思维转化"能力。如果想接上链子，那必须做"打开""闭紧"这两个动作。按照平常人的思路来思考的话，如果想把 4 段断掉的手镯接在一起，必须进行 4 回这样的动作。解开这道谜题的关键点在于，"使用哪一个链圈来连接"。

Q48 手链断了，像下图一样分成了 4 段链子。拿到修理处却得知，打开一个链圈是 100 元，而闭紧一个要 200 元。小张只带了 900 元，他能把手链恢复到以前的样子吗？

[A48] 将 1 段链子拆为 3 个链圈，再把剩下的 3 段链子连接上即可

这样做的话，只需打开、闭紧 3 个链圈即可，修理费用正好为 900 元。

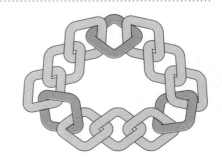

项链问题

Q49 一位女士买了下图中的 12 条链子，她想把它们串成一条 100 个环的项链。珠宝商说打开一个小环并接好需要 15 美分，打开一个大环并连接好需要 20 美分。那么最少要花多少钱才能接好这条项链呢？

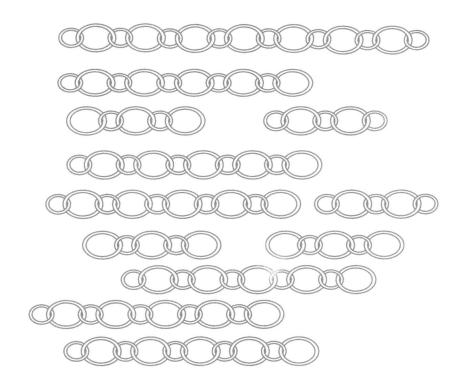

....

[A49] 至少要花 1.7 美元（1 美元 =100 美分）

将两条有 2 个大环、3 个小环的链子全部拆开，用它们连接余下的 10 条链子最省钱。

淘金问题

Q50 两个淘金者在一起平分他们的成果。一堆金沙堆放在一块平整的石板上，但没有任何称量工具。这时有一个谁也不会觉得吃亏的平分方法，那就是由其中的一个人把金沙分成两堆，而让另一个人先挑选。

如果上述平分金沙的淘金者不止两个，而是五个，是否也存在一种谁也不觉得吃亏的平分方法呢？

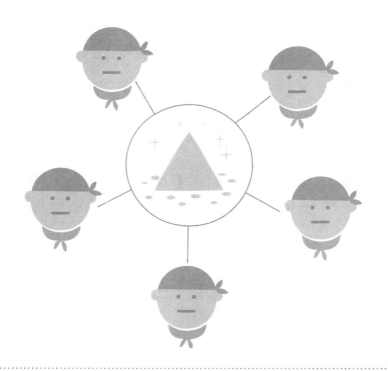

[A50]

假设有五个人 A、B、C、D、E，正在一起分这堆金沙。A 首先分出他认为占 $\frac{1}{5}$ 的一小堆，并且愿意选择这一小堆就作为他的一份。下面轮到 B。如果 B 认为 A 分出的一份不多于 $\frac{1}{5}$，就不变动它；如果认为多于 $\frac{1}{5}$，B 就有权利把他认为多出的部分去掉，放回原金沙堆。C、D、E 三人依次具有这种权利。最后一个做出变动的人就把变动后的一小堆金沙作为自己的一份。按这种方式，这小堆金沙的分得者不会觉得吃亏，因为他确信自己的份额不少于 $\frac{1}{5}$，其他的人也不会觉得吃亏，因为他们确信这小堆金沙不会多于他人。这样，问题便转化为四个人分剩下的金沙，同样的方式，问题转化为三个人，最后转化为两个人，即一个人分，另一个人挑选。这样的方法，原则上可以推广到任意个人。

5个鸭梨6个人吃

Q51 蕾蕾家里来了5位同学。蕾蕾想用鸭梨来招待他们，可是家里只有5个鸭梨，怎么办呢？谁少分一份都不好，应该每个人都有份（蕾蕾也想尝尝鸭梨的味道）。那就只好把鸭梨切开了，可是又不好切成碎块，蕾蕾希望每个鸭梨最多切成3块。于是，就又面临一个难题：给6个人平均分配5个鸭梨，任何1个鸭梨都不能切成3块以上。蕾蕾想了一会儿就把问题给解决了。你知道她是怎么分的吗？

[A51]

鸭梨是这样分的：先把3个鸭梨各切成两半，把这6个半块分给每人1块。另外两个鸭梨每个切成3等块，这6个 $\frac{1}{3}$ 也分给每人1块。于是，每个人都得到了一个半块和一个 $\frac{1}{3}$ 块，也就是说，6个人都平均分配到了鸭梨。而且每个鸭梨都没有切成多于3块。

117

五个人的体重

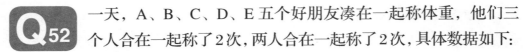

Q52 一天，A、B、C、D、E 五个好朋友凑在一起称体重，他们三个人合在一起称了 2 次，两人合在一起称了 2 次，具体数据如下：

① A+B+D=145 千克

② A+C+E=135 千克

③ B+D=100 千克

④ B+C=110 千克

现在已知道这 5 个人的体重都在 40 到 70 千克之间，且都是 5 的倍数，你能算出他们每个人的体重吗？

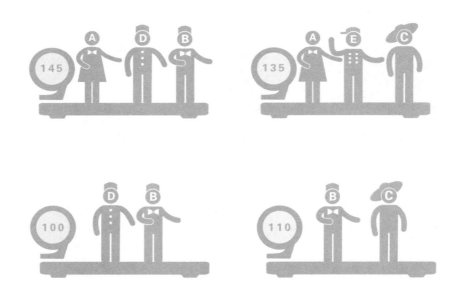

[A52] A 为 45 千克，B 为 60 千克，C 为 50 千克，D 为 40 千克，E 为 40 千克

由①和③可知，A=45 千克。将 A 代入②可得 C+E=90 千克。从题中我们可以得出：C 的体重可能为 40 千克、45 千克或者 50 千克。如果 C 为 40 千克，那么由④可得 B 为 70 千克，将这个答案代入③，D 的体重则为 30 千克，与题意不符，所以 C 不可能是 40 千克。同理，C 也不是 45 千克。所以 C 只能是 50 千克，而 B、D、E 则分别为 60 千克、40 千克、40 千克。

能换多少包薯片

Q53 现在薯片正在进行促销活动，商店免费以 1 包薯片与顾客交换 8 个包装袋。玛丽立刻行动起来，她找到了 71 个薯片的包装袋。那么她最多可以换到多少包薯片呢？

算错了吗

Q54 小明爸爸让他将 3 个酒瓶卖 5 角钱，结果小明分别卖给 3 个人每个 2 角，得了 6 角，爸爸让他把多的钱退还。小明路上买了个 4 分钱的冰棒，剩的 6 分刚好退还 3 人每人 2 分，也就是说 3 人每人是 1 角 8 分，共计 5 角 4 分，加上买冰棒的 4 分共计 5 角 8 分。还有 2 分钱跑哪去了？

[A53] 玛丽可以换到 10 包免费的薯片

先用 64 个包装袋换 8 包薯片；吃完后，用这 8 个包装袋换 1 包薯片；再吃完，与原先剩的 7 个包装袋加在一起刚好 8 个包装袋，又可以换 1 包。所以，玛丽最多可换 10 包薯片。

[A54]

3 人每人是 1 角 8 分，共计 5 角 4 分，"加买冰棒的 4 分"是没有道理的。应该减去买冰棒的 4 分，刚好是他们买酒瓶的钱。

打印纸猜谜

你知道吗？大家在工作中最常用到的打印纸中隐藏着了不起的秘密哦。每种规格的打印纸，其宽高比、面积比等都经过了合理的设计。平时看起来毫不起眼的打印纸，却蕴含着数与形的巧妙设计，所以我们用起来才非常方便。

Q55 这是一道关于打印纸的智力题。短边称为宽，长边称为高。
①打印用纸根据纸张尺寸（规格 A、规格 B）以及开本（最大为 0、最小为 10）分为多种种类。请求出规格 A 和规格 B 各自的宽高比。

规格 A	宽 × 高的尺寸（mm）
A0	841×1 189
A1	594×841
A2	420×594
A3	297×420
A4	210×297
A5	148×210
A6	105×148
A7	74×105
A8	52×74
A9	37×52
A10	26×37

规格 B	宽 × 高的尺寸（mm）
B0	1 030×1 456
B1	728×1 030
B2	515×728
B3	364×515
B4	257×364
B5	182×257
B6	128×182
B7	91×128
B8	64×91
B9	45×64
B10	32×45

②将 A4 纸的对角线与 B4 纸的高重叠，长度正好相同。请根据这一条件求出规格 A 和规格 B 的高度之比。请根据①的答案来考虑。

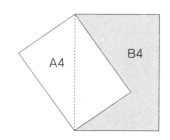

[A55] ①规格 A 和规格 B 的宽高比均为 1：$\sqrt{2}$ ②规格 A 和规格 B 的高度之比为 $\sqrt{2}$：$\sqrt{3}$

①通过观察，我们发现 A_1 的高恰好为 A_0 的宽（以此类推），B_1 的高恰好为 B_0 的宽（以此类推），根据这一规律，并结合图形，我们得出以上答案。

②假设 A4 的宽（短边）长度为 1、高（长边）长度为 $\sqrt{2}$。根据勾股定理（直角三角形斜边平方 = 两直角边平方和），斜边长（B4 的高度）的平方为 $(\sqrt{2})^2+1^2=3$，因此 B4 的高度为 $\sqrt{3}$。

③请求出规格 A 和规格 B 的面积比。请根据②的答案来考虑。

④这是一张表示复印倍率的表格。请在空白处填写倍率。提示："复印的倍率＝边长比（相似比）"。

比例		例	复印的倍率
放大	规格相同、开本大一号	A4→A3 B5→B4	[1]
	规格 A 至规格 B	A4→B4 A5→B5	[2]
	规格 B 至规格 A	B4→A3 B5→A4	[3]
等倍			100%
缩小	规格 A 至规格 B	A4→B5 A3→B4	[4]
	规格 B 至规格 A	B5→A5 B4→A4	[5]
	规格相同、开本小一号	A3→A4 B4→B5	[6]

（④的提示）

A4、B4、A3 的边长比为……

根据①

根据②

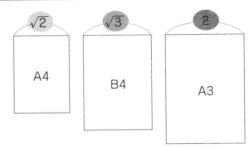

[A55] ③规格 A 与规格 B 的面积比为 2:3 ④ [1]141% [2]122 [3]115% [4]86% [5]81% [6]70%

③根据"相似定律"，面积比是长度比的平方。也就是（$\sqrt{2}$）²:（$\sqrt{3}$）²=2:3。

④ [1] 因为边长比为 1:$\sqrt{2}$，所以复印倍率约为$\sqrt{2}$≈1.41=141%。[2] 因为边长比为$\sqrt{2}$:$\sqrt{3}$，所以复印倍率约为$\frac{\sqrt{2}}{\sqrt{3}}$≈1.22=122%。[3] 因为边长比为$\sqrt{3}$:2，所以复印倍率为$\frac{2}{\sqrt{3}}$≈1.15=115%。[4] 因为边长比为 2:$\sqrt{3}$，所以复印倍率为$\frac{\sqrt{3}}{2}$≈0.86=86%。[5] 因为边长比为$\sqrt{3}$:$\sqrt{2}$，所以复印倍率为$\frac{\sqrt{2}}{\sqrt{3}}$≈0.81=81%。[6] 因为边长比为$\sqrt{2}$:1，所以复印倍率为$\frac{1}{\sqrt{2}}$≈0.70=70%。

有多少名男生

 有 50 名学生参加联欢会，第一个到会的女同学同全部男生握过手，第二个到会的女生只差一个男生没握过手，第三个到会的女生只差 2 个男生没握过手，以此类推，最后一个到会的女生同 7 个男生握过手。请问这些学生中有多少名男生？

连续报数

Q57 二十几个小朋友围成一圈，按顺时针方向一圈一圈地连续报数。如果报 2 和 200 的是同一个人，那么共有多少个小朋友？

[A56] 28 人

我们可以这样想：如果这个班再多 6 个女生的话，最后一个女生就应该只与 1 个男生握手，这时，男生和女生一样多了，所以原来男生比女生多 6 个人！男生人数就是：（50 ＋ 6）÷2 = 28（人）。

[A57] 22 个

小朋友的人数应是（200-2）= 198 的约数，而 198 ＝ 2×3×3×11。约数中只有 2×11 = 22 符合题意。

根据规律排列数字卡片的方法

这是一道用卡片进行排列的数学智力题。顺便说一下，卡片是1至9的情况下，"数字卡片为1"或"数字卡片为1至5"时，无法根据规律排列。请大家用各种各样的数字做一下尝试吧。

 同样数字的卡片各有2张。遵照"在数字相同的卡片之间，摆上和那个数字相同张数的卡片"这一规律，来排列卡片吧！

例题 数字卡片1至3的情况下

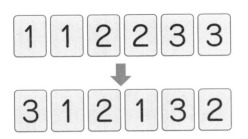

1的卡片之间有1张
2的卡片之间有2张
3的卡片之间有3张

①数字卡片1至4的情况下

②数字卡片1至7的情况下

[A58]

① 4 1 3 1 2 4 3 2

② 7 3 6 2 5 3 2 4 7 6 5 1 4 1

123

这是数、数字，还是数值

　　人们先发现"数"的概念，然后创造出表示此概念的文字（阿拉伯数字），最后通过不断测量地球创造出单位、学会运用"数值"……让我们来回顾一下人类走过的发展道路，弄清楚"数""数字""数值"的区别。

"数""数字""数值"的区别

数	Number	概念、抽象的存在	例：自然数、实数、虚数
数字	Digit，figure	将数具象化	例：汉字数字、阿拉伯数字
数值	Value	可以通过运算得出的值	例：10m、100kg、1 000 秒

"10 000"是数字（阿拉伯数字）

 下面举出的例子是"数""数字"，还是"数值"？

①电视台收视率

②登在广告上的价格

③圆周率 π（π=3.14159……）

④求已知圆周长度（2π × 半径）时的半径

①"电视台收视率"是以由人员测量仪得来的数据为基础而计算出的统计数据。计算求得的数为"数值"。

②"登在广告上的价格"带有单位（元）。带有单位的数（被计量出的值）是"数值"。

③"圆周率 π"是"数"，这样的数叫作"数学常数"。

④"求已知圆周长度时的半径"即为长度。如果带有"厘米"之类的单位就是"数值"，如果不带单位就是"数"。

奇妙的筛子

一个大于1的自然数，除了1和它本身外不再有其他的因数（不能被其他自然数整除），这个数就叫作质数。这就是古希腊学者埃拉托斯特尼发明的用"筛子"找质数法。让我们通过对质数的探索来感受一下这奇妙的"筛子"吧！

 请你使用"埃拉托斯特尼的筛子"，从1至100的数中找出质数。

解法

[1] 将除了2以外的2的倍数依次排除。

[2] 以此类推，将3、5、7的倍数依次排除。

[3] 剩下的数就是质数。

1	2	3	4	5	6	7	8	9	10
11	12	13	14	15	16	17	18	19	20
21	22	23	24	25	26	27	28	29	30
31	32	33	34	35	36	37	38	39	40
41	42	43	44	45	46	47	48	49	50
51	52	53	54	55	56	57	58	59	60
61	62	63	64	65	66	67	68	69	70
71	72	73	74	75	76	77	78	79	80
81	82	83	84	85	86	87	88	89	90
91	92	93	94	95	96	97	98	99	100

◯ 答案见126页。

三角形重合

Q61 如下图所示，以直线为中心，如果图形上半部与下半部都是由 3 个红色、5 个蓝色与 8 个白色小三角形所组成。当把上半图沿着中心线往下折叠时，有 2 对红色小三角形重合，3 对蓝色小三角形重合，以及有 2 对红色与白色小三角形重合。那么，你知道有多少对白色小三角形重合吗?

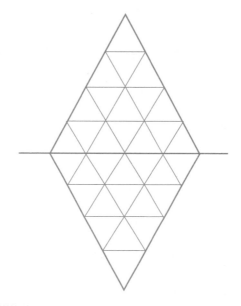

◐ 答案见 127 页。

[A60] 2、3、5、7、11、13、17、19、23、29、31、37、41、43、47、53、59、61、67、71、73、79、83、89、97

1	2	3	4	5	6	7	8	9	10
11	12	13	14	15	16	17	18	19	20
21	22	23	24	25	26	27	28	29	30
31	32	33	34	35	36	37	38	39	40
41	42	43	44	45	46	47	48	49	50
51	52	53	54	55	56	57	58	59	60
61	62	63	64	65	66	67	68	69	70
71	72	73	74	75	76	77	78	79	80
81	82	83	84	85	86	87	88	89	90
91	92	93	94	95	96	97	98	99	100

频率的共同之处

现在这个时代，在网络上也可以收听收音机广播了，但是仍然有许多人喜欢转动半导体收音机调谐旋钮的手感以及转动时细微的声音变化。亚洲、大洋洲的 AM 收音机频率划分范围为 531 千赫至 1602 千赫。

 下面是某地区的 AM 广播电台频率中的数，让我们一起来寻找隐藏在其中的秘密吧！

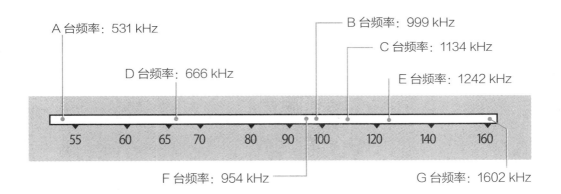

A 台频率：531 kHz
B 台频率：999 kHz
C 台频率：1134 kHz
D 台频率：666 kHz
E 台频率：1242 kHz

55　60　65　70　80　90　100　120　140　160

F 台频率：954 kHz
G 台频率：1602 kHz

[A61] 5

由题意可知，红、蓝、白三色三角形的总个数分别为 6 个、10 个、16 个。"2 对红色小三角形重合"占了红色三角形 6 个中的 4 个，"3 对蓝色小三角形重合"占了蓝色三角形 10 个中的 6 个，"2 对红色与白色小三角形重合"占红色和白色小三角形各 2 个。由此可推知，剩下的三角形中有蓝色的 4 个，白色的 14 个，4 个蓝色与 4 个白色重合之后，白色三角形还有 10 个，只能白色与白色重合，即 $10 \div 2 = 5$。

[A62] **AM 广播电台的频率全部都是 9 的倍数**

AM 广播最低频率为 531 千赫，是 9 的倍数。并且，AM 广播电台的频率是以 9 千赫为一个单位进行分隔的（载波间隔）。"由 9 的倍数开始、每段间隔 9 千赫"，因此不论哪个频率都是 9 的倍数。

用一只手可以数到几

"数码（digital）"的语源来自于拉丁语中的"手指（digitus）"，含义是"掰着手指数数"。那么，在掰着一只手数数时，如果我们使用平时常用的十进制的话只能数到 5，但如果像计算机一样使用二进制的话就可以数 2^5=32 组数。

Q63 在使用二进制单手从 0 数至 31 时，请将拇指视为 1 位、将食指视为 2 位、将中指视为 4 位、将无名指视为 8 位、将小拇指视为 16 位，数伸直的手指。例如说在数 21 时，就是伸直拇指（1）+ 中指（4）+ 小拇指（16）来表示。

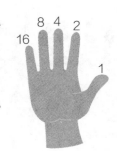

如果想数下列①至⑥的数，手型应该是怎样的呢？

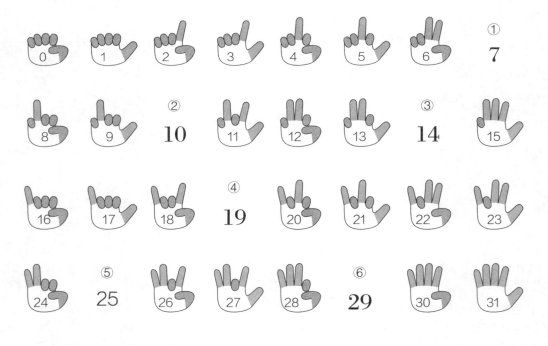

[A63]

5个5

 在下列算式中添上四则运算符号,使等式成立。

$$5 \quad 5 \quad 5 \quad 5 \quad 5 = 100$$
$$5 \quad 5 \quad 5 \quad 5 \quad 5 = 100$$

找出数列的规律

我们的生活中到处都隐藏着数列。在向日葵的花盘种子排列中能够发现著名的"斐波那契数列"。此外,计算机的存储器及磁盘容量与2的指数(与2相乘数次得到的数)密切相关。让我们一起来探索按规则排列的数的规律吧!

 请找到下列数列的规律,在□中填写正确的数字。

① 1、1、2、3、5、8、13、21、34、□、89、144……

② 1、2、4、8、16、32、64、□、256、512、1 024……

③ 1、4、9、16、25、36、□、64、81、100、121……

[A64]

$5 \times 5 \times 5 - 5 \times 5 = 100$

$(5 + 5 + 5 + 5) \times 5 = 100$

[A65] ① 55 ② 128 ③ 49

①规律是后一数为"前两数之和",21+34,因此应填55。这个数列叫作"斐波那契数列"。

②规律是后一数为前一数的2倍(2的指数),因此应填 $64 \times 2 = 128$（$2^7 = 128$）。

③应填自乘后的数(平方数),$7^2 = 49$。

问号处代表什么数

图中是一些数字组成的表格，请问问号处代表什么数？
提示：每一行中，第四列数与前面三列数有什么关系？

2	9	6	24
4	4	3	19
5	4	4	24
3	7	1	?

[A66] 问号处是 22

每一行中，第一列数乘以第二列数后，加上第三列数，等于第四列数。如：2×9 + 6=24。

数字金字塔

"1""11""111"，像这样的由1排列构成的自然数，我们称之为"循环整数"。将这样的循环整数自乘（自己与自己相乘），其运算结果宛如数字的金字塔一般，看起来极为不可思议。如果我们再仔细看看——是不是发现了某个法则呢？

 将只由1构成的数自乘，结果如下。那么如果将8个1构成的数自乘，结果是多少呢？

$$1\ 位数\quad 1 \times 1 = 1$$

$$2\ 位数\quad 11 \times 11 = 121$$

$$3\ 位数\quad 111 \times 111 = 12\ 321$$

$$4\ 位数\quad 1\ 111 \times 1\ 111 = 1\ 234\ 321$$

$$5\ 位数\quad 11\ 111 \times 11\ 111 = 123\ 454\ 321$$

$$6\ 位数\quad 111\ 111 \times 111\ 111 = 12\ 345\ 654\ 321$$

$$7\ 位数\quad 1\ 111\ 111 \times 1\ 111\ 111 = 1\ 234\ 567\ 654\ 321$$

$$8\ 位数\quad 11\ 111\ 111 \times 11\ 111\ 111 = \square$$

[A67] 123 456 787 654 321

从1开始递增，到了与位数相同的那个数字又开始递减，直至1。

大帅共有多少个兵

Q68 某大帅非常迷信。有一次，他要领兵出征，攻打另外一个军阀。不到 3 000 名士兵出发前要来一次检阅，他命令士兵每 10 人一排排好，谁知排到最后缺 1 人。他认为这样不吉利，就改为每排 9 人，可最后一排又缺了 1 人，改成 8 人一排，仍缺 1 人，7 人一排缺 1 人，6 人一排缺 1 人……直到两人一排还是凑不齐。该大帅非常沮丧，认为这都是自己时运不济，不宜出兵，于是只好收兵不再出战。

　　这当然不是他的时运不济，也没有人恶作剧，只怪该大帅数学差，他的兵数正好排不成整排。你能猜出大帅共有多少个兵吗？

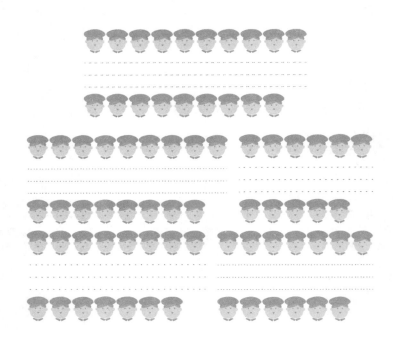

[A68] 他一共有 2 519 个兵

要想每排士兵数一致，且最后刚好站齐，人数必须是每排人数的倍数，或是 10 的倍数或是 9 的倍数，如果是 10、9、8、7……2 的公倍数，那无论怎样排都没有问题。10、9……2 的最小公倍数是 2 520。现在该大帅的兵数是 2 519，自然是怎么排也缺少 1 人了。公倍数有许多，因兵数在 3 000 以下，所以我们取最小公倍数正适合。

贸易漏洞

Q69 警长发现一个 K 国人总是在边境，来往于 A、B 两国之间，并且日渐富裕。于是就将其定为走私的嫌疑人，可是每次这个人并没有带什么商品，从他穿的衣服也看不出什么破绽，有时候他甚至几次穿着同一身衣服。警长决定对这个人进行突击检查。当这个人从 A 国要去 B 国时，警长拦住了他，可是翻遍了他全身上下，除了一张 B 国 90 元的钞票，他什么也没带。没有办法，警长只好放了他，当这个人从 B 国回来时，身上的钞票却变成了一张 100 元的 A 国钞票，警长又侦查了几次，他发现每一次这个人都是带着一张 90 元的 B 国钞票前往 B 国，然后带着 A 国 100 元的钞票返回 A 国。警长突然明白了这个人原来是利用两国之间的贸易漏洞发财致富的，你知道两国之间有什么样的贸易漏洞吗？

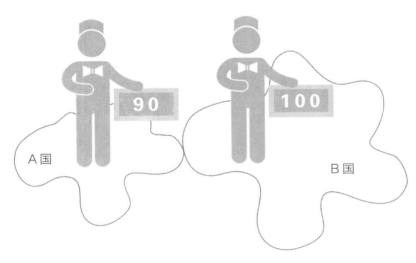

[A69] **这个人是利用这两个国家的货币兑换漏洞而致富的**

从题目中我们能够清楚，此人能用 90 元的 B 国货币在 B 国兑换 100 元的 A 国货币，可是你如果认为 B 国与 A 国的货币兑换比率是 90:100，那就错了。因为这样的话，他在 A 国也要进行这样的兑换，那么他也就赚不到什么钱，唯一能够赚钱的情况就是在 A 国也是如此，A 国与 B 国的货币兑换比率也是 90:100 或者是其他的什么比率，只要是 A 国的货币能够比 B 国的值钱。也就是说两国都有这样的货币政策：对方货币的 100 元只能兑换本国货币的 90 元（或者更少）。

周长长，还是高度长

所谓圆周率，就是指圆的直径与周长的比率。不论是大圆还是小圆，其圆周率均为 π=3.14159……圆周率是非常有魅力的数，不过这道题的窍门在于将圆周率考虑为"3"。稍微动动脑筋变通一下，不用算也不用量，就能解开这道题。

 有一听 500 毫升的罐装果汁。是"绕罐身一周的周长"长，还是"罐子竖立时的高度"长？请你思考出不使用规尺及卷尺的测量方法。

500 毫升的罐子

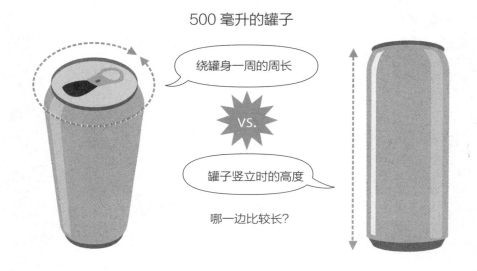

绕罐身一周的周长

VS.

罐子竖立时的高度

哪一边比较长？

....

[A70] 绕罐身一周的周长长

方法：将 3 个罐子并列摆放在一起，与罐子高度进行比较
圆周长度 = 直径 × 圆周率（π=3.14……），那么也就是说，绕罐身一周的周长比直径 ×3 的长度还要长一些。也就等于说绕罐身一周的周长比 3 个罐子并列摆放在一起的宽度还要长一些。

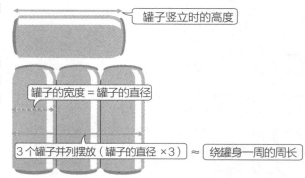

罐子竖立时的高度

罐子的宽度 = 罐子的直径

3 个罐子并列摆放（罐子的直径 ×3） ≈ 绕罐身一周的周长

音乐转灯

Q71 有一盏音乐转灯的设计很独特：在中心红光外面包有 7 层壳，每层壳上都有 7 个五角星的图案，当 7 层壳上的五角星排成一条直线时，中心红光可以透出五角星的图案。如果开始时 7 个五角星是对齐的，然后 7 层壳一起转动，但是转速却不一样：第一层每分钟转 1 圈，第二层转 2 圈，第三层转 3 圈，第四层转 4 圈，第五层转 5 圈，第六层转 6 圈，第七层转 7 圈。请问：至少要转多长时间，可以透出五角星图案来？

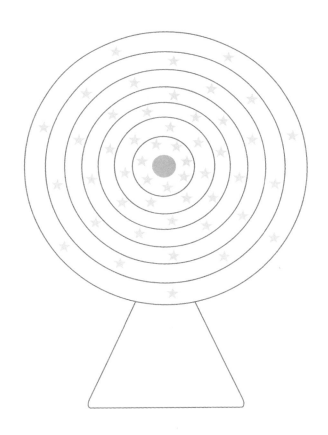

....

[A71] 1 分钟后

给那么多条件只是为了迷惑你，在一分钟后，它们各自刚好转了整数圈，肯定又会恰好对齐。

失算的老师

Q72 10个同学来到教室，为座位问题争论不休。有的人说，按年龄大小就座；有的人说，按学习好坏就座；还有人要求按个子高矮就座。

老师对他们说："孩子们，你们最好停止争论，任意就座。"

这10个同学随便坐了下来，老师继续说道："记下你们现在就座的次序，明天来上课时，再按新的次序就座；后天再按新的次序就座，反正每次来时都按新的次序，直到每个人把所有的位子部坐过为止。如果你们再坐在现在所安排的位子上，我将给你们放假一年。"

请你算算看，老师隔多少日子才给他们放假一年呢？

[A72] 实际上是办不到的

因为安排座位的数字太大了。它需要 10×9×8×7×6×5×4×3×2×1 = 3 628 800 天，这个数字的天数相当于约 10 000 年。

"百五减算"魔术

你能猜出任何一个人的年龄吗？这里告诉你一种小魔术——"百五减算"。利用了百五减算的猜数字魔术，你能猜出任何一个人的年龄，一定别忘记在家人和朋友面前露一手哟！

例题 甲询问小张的年龄，但小张怎么也不肯告诉甲。于是，甲这样说道："请把你的年龄分别除以3、5、7，再把它们的余数告诉我。"

小张："余数依次为2、4、2。"

甲："你的年龄是……44岁啊！"

甲是如何算出小张的年龄的？

解法 小张的年龄分别除以3、5、7得到的余数，将它们分别乘以70、21、15，再将得到的数值全部相加，求出数值N。N减去3、5、7的最小公倍数105之后，再分别除以3、5、7，得到的余数依然为2、4、2。因此，从数值N中不断减去105，直到不能减为止，所得到的数值（即N除以105得到的余数）就是"小张的年龄"。

（除以3得到的余数 × 70）+（除以5得到的余数 × 21）+（除以7得到的余数 × 15）

=2×70+4×21+2×15

=140+84+30

=254

> 要求出的年龄

254- 105 =149 → 149- 105 =44（岁）

70	5和7的公倍数
21	3和7的最小公倍数
15	3和5的最小公倍数
105	3、5、7的最小公倍数

Q73 某人的年龄分别除以3、5、7，余数分别为1、2、4。请猜猜这个人的年龄是多少？

....

[A73] 67岁

1×70+2×21+4×15=70+42+60=172 → 172-105=67（岁）

奇妙的六位数

 有这么一个奇妙的六位数，它乘以 3 后所得的仍是个六位数，而且这个六位数的数字也和原先的数字相同，只是位置有了变化，即 $ABCDEF \times 3 = BCDEFA$；如果乘以 5，所得仍是六位数，只是原先六位数中的最后一位数 F 现在成了第一位数；现在这个六位数乘以 7，仍是六位数，你知道现在的六位数是什么吗？

图标相加

每个图标代表不同的数字。你能将正确的图标放入方框中，使等式成立吗？

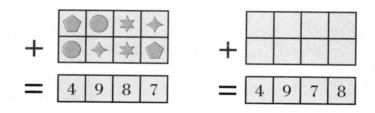

● 答案见 139 页。

[A74] 999 999

由 $ABCDEF \times 5$ 的积仍是一个六位数可知 $A=1$，否则乘积就会变成七位数，将这个结论代入最初的六位数，可得：$1BCDEF$。

由 $1BCDEF \times 3 = BCDEF1$，可知 $F=7$，将它代入最初的六位数，可得：$1BCDE7$。

由 $1BCDE7 \times 5 = 71BCD5$，可知 $E=5$，将它代入最初的六位数，可得：$1BCD57$。

由 $1BCD57 \times 5 = 71BCD5$，可知 $D=8$，将它代入最初的六位数，可得：$1BC857$。

由 $1BC857 \times 5 = 71BCD5$，可知 $C=2$，将它代入最初的六位数，可得：$1B2857$。

最后，由 $1B2857 \times 5 = 71BCD5$，可知 $B=4$，所以这个最初的六位数就是 142 857。

当这个六位数乘以 7 后就是 999 999。

奥运五环

Q76 奥运五环标志。这五个环相交成 9 部分，设 A ～ I，请将数字 1 ～ 9 分别填入这 9 个部分中，使得这五个环内的数字之和恰好构成 5 个连续的自然数。那么这 5 个连续自然数的和的最大值为多少？

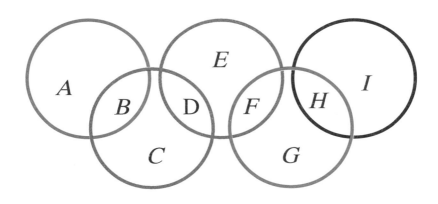

[A75]

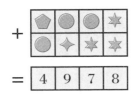

$+$

$=$ | 4 | 9 | 7 | 8 |

⬠ =1　⬤ =3　✦ =4　✧ =6

[A76] 70

B、D、F、H 同时出现在两个圆圈中而其他数都出现在一个圆圈中，所以五个圆圈中的总和为 1+2+3+……+9+B+D+F+H ≤ 45+9+8+7+6=75。若五个圆圈中的总和为 75，则 B+D+F+H=9+8+7+6=30，又因为五个环内的数字和恰好构成五个连续的自然数，所以这五个环内的数字只能是 13、14、15、16、17，再考虑两端两个圆圈中的总和，S=(A+B)+(H+I) ≥ 13+14=27，但 B+H ≤ 9+8=17，A+I ≤ 4+5=9，所以 S 最大为 26，与上面的结论矛盾，所以五个圆圈中的总和不可能为 75，又因为五个连续自然数的和是 5 的倍数，所以五个圆圈中的总和最大为 70。

聪明的士兵

Q77 某班有 1 名班长和 12 名士兵，他们负责守卫一个古老的城堡，城堡外是一片山林。班长在城堡四面每面派出 3 名士兵，有 4 个瞭望口可以查看哨兵的情况。每天他都从各瞭望口查看一遍，都能看到有 3 个士兵在来回巡视，他非常满意自己的士兵能坚守岗位。可是，没过几天，有人告发他的士兵天天在城堡外面的山林里打猎？为此，他特地到 4 个瞭望口查看，发现每面仍然都有 3 名士兵。人怎么可能会少呢？他们全站在那儿呀！班长想。

你知道为什么每面仍有 3 名士兵，而每天都有士兵去打猎吗？士兵们是怎么糊弄班长的？

[A77]

以〇为士兵，││为瞭望口，画成如右所示的图形。可以看出，只要有 8 名士兵，就可以让班长从瞭望口查看到城堡四面都有 3 名士兵，另外 4 名士兵可以悠闲地去山林打猎了。

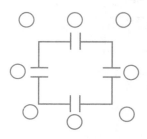

花最少的钱去考察

Q78 赤道上有 A、B 两个城市，它们正好位于地球上相对的位置。分别住在这两个城市的甲、乙两位科学家每年都要去南极考察一次，但飞机票实在是太贵了。围绕地球一周需要 1 000 美元，绕半周需要 800 美元，绕 $\frac{1}{4}$ 周需要 500 美元，按照常理，他们每年都要分别买一张绕地球 $\frac{1}{4}$ 周的往返机票，一共要 1 000 美元，但是他们俩却想出一条妙计，两人都没花那么多的钱。你猜他们是怎么做的？

店里是卖什么的

Q79 沿着商业街的两边有 1、2、3、4、5、6 六家店。其中 1 号店和其他店的位置有着这样的关系：

① 1 号店的右边是书店。

② 书店的对面是花店。

③ 花店的隔壁是面包店。

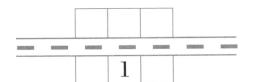

④ 4 号店的对面是 6 号店。

⑤ 6 号店的隔壁是酒吧。

⑥ 6 号店与书店在道路的同一边。

那么，1 号店是什么店呢？

....

[A78]

甲买一张经由南极到 B 市的机票，乙买一张经由南极到 A 市的机票，当他们两人在南极相会时，把机票互换一下，这样他们只花了 800 美元就到了自己的城市。

[A79] **1 号店是酒吧**

根据⑤和⑥可以知道，酒吧和书店在道路的同一边。再看看图就会发现只有在 1 号店这一边才有可能。而且，6 号店也会在这一边，可知 6 号店的位置一定是在 1 号店的左边或右边。而 6 号店的隔壁是酒吧，所以就知道 1 号店是酒吧了。

条件路线

从顶端的数字出发，寻找一条路线到达底端的数字。要求，每次只能在水平线上向下移动一层。

① 找到一条路线，使所有经过的数字总和为130。

② 找到一条不同的路线，使所有经过的数字总和为131。

③ 路线所经过的数字总和的最大值是多少？这条路线是什么？

④ 路线所经过的数字总和的最小值是多少？这条路线是什么？

⑤ 有几条路线所经过的数字总和为136，这条路线是什么？

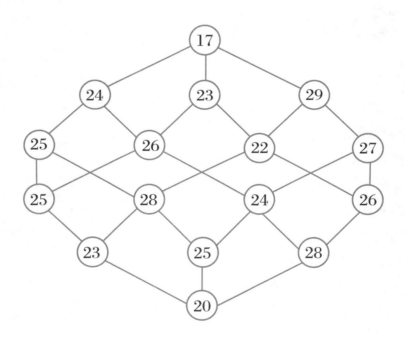

[A80]

① 17+19+22+24+28+20=130

② 17+19+22+28+25+20=131

③ 140。17→24→26→28→25→20

④ 127。17→19→22→24→25→20

⑤ 两条路线：

17→24→26→24→25→20

17→23→22→26→28→20

分财宝

Q81 老妇人要把自己的财宝分给跟随她多年的人，她出了一道题考她们。题目是：我有金、银两个首饰箱，每个箱子内都有很多首饰，第一个算对题的人将得到金箱中25%的首饰，第二个算对题的人将得银箱中20%的首饰。然后我再从金箱中拿出5件送给第三个算对这个题目的人，再从银箱中拿出4件送给第四个算对这个题目的人，最后金箱中剩下的比分掉的多10件首饰，银箱中剩下的与分掉的首饰数量比是2：1。请问谁能算出我的金箱、银箱中原来各有多少件首饰？

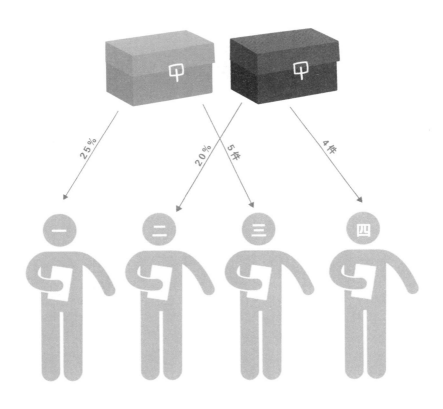

[A81]

金箱的首饰：（5+5+10）÷（1-25%-25%）=20÷50%=40（件）

银箱的首饰：（4+4+4）÷（1-20%-20% -20%）=12÷（1-60%）=12÷40%=30（件）

如何平分

有四个正方体的每边的长度分别是 3 厘米、4 厘米、5 厘米和 6 厘米。这四个正方体能平均分成 2 份吗?

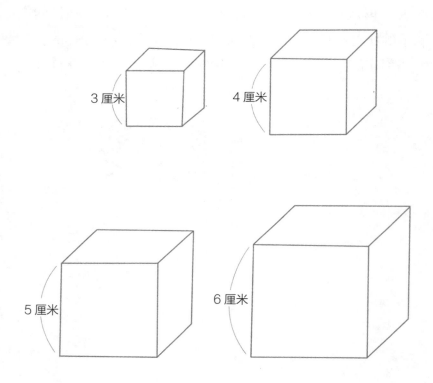

3 厘米

4 厘米

5 厘米

6 厘米

[A82] 能

$3^3 + 4^3 + 5^3 = 216 = 6^3$。由此可见,最大正方体的体积,恰好等于另外三个体积的和。所以,平分的方法是 3 个小正方体为一份,最大的正方体为一份。

数字靶心

根据给出的规律，在问号处填入正确的数字。

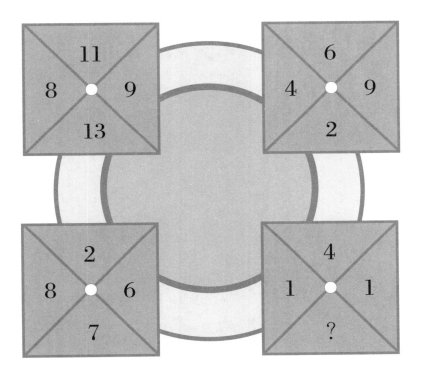

[A83] 5

把每个正方形中对应位置的数字相加。左边部分数字的和等于 21，上面的和等于 23，右边部分的和等于 25，下面部分的和等于 27，规律是按顺时针方向依次加 2。

145

纸牌游戏

Q84 有9张纸牌，分别为1～9。甲、乙、丙、丁4人取牌，每人取2张。现已知甲取的两张牌之和是10，乙取的两张牌之差是1；丙取的两张牌之积是24；丁取的两张牌之商是3。

请说出他们4人各拿了哪两张纸牌，剩下的一张又是什么牌？

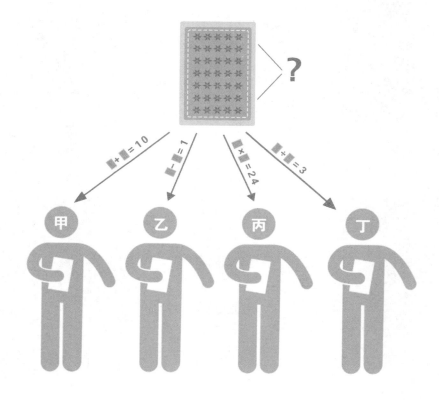

[A84] 甲拿的两张牌是1和9；乙为4和5；丙为3和8；丁为2和6；剩下的一张是7

这道题的突破点在丙和丁。1～9之内数字乘积为24的，只有3、8和4、6两组；两数之商是3的有三组：3、1，6、2，9、3。我们先假设丙取了3、8，那么丁就只能取6、2，剩下的数字中差是1的组合只能是4、5，余下数字之和是10只能是1、9，最后余下7，刚好符合题目要求。如果最初丙取了4、6，会发现与题目矛盾。

摆花坛

有 16 盆花，要摆在花坛四周，要求每边都是 7 盆，该怎样摆？如果是 24 盆花，每边摆 7 盆花，又该怎样摆呢？

第三名得几分

A、B、C、D、E 五名学生参加乒乓球比赛，每两个人都要赛一盘，并且只赛一盘。规定胜者得 2 分，负者得 0 分。现在知道比赛结果是：A 和 B 并列第一名，C 是第三名，D 和 E 并列第四名。那么 C 得几分？

[A85]

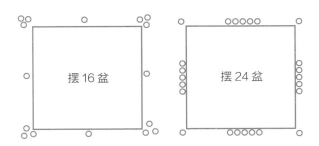

[A86] C 得 4 分

因为每盘得分不是 2 分就是 0 分，所以每个人的得分一定是偶数。根据比赛规则，五个学生一共要赛 10 盘，每盘胜者得 2 分，共得了 20 分。每名学生只赛 4 盘，最多得 8 分。我们知道，并列第一名的两个学生不能都得 8 分，因为他们两人之间比赛的负者最多只能得 6 分，由此可知，并列第一的两个学生每人最多各得 6 分。同样道理，并列第四的两个学生也不可能都得 0 分，因此他们两人最少各得 2 分。这样，我们可得出获第三名的学生 C 不可能得 6 分或 2 分，只能得 4 分。

租几只船

全公司 104 人到公园划船，大船每只载 12 人，小船每只载 5 人，大、小船每人票价相等，但无论坐满与否都要按照满载计算。若要使每个人都能乘船，又使费用最省，所租大船最少为多少只？

提示：要使费用最省，应让每只船都坐满人。

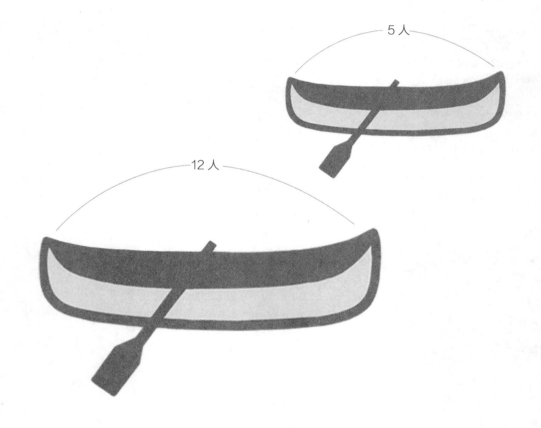

....

[A87] 2 只

大船最少为 2 只，小船 16 只时，每只船都满载，故大船最少为 2 只。

Part 3
世界经典趣味数学谜题

铺地锦

铺地锦算法是古代阿拉伯人计算乘法时用的一种方法，因列出的算式像用瓷砖铺起的地面，传入中国之后，中国数学家程大位在《算法统宗》里形象地将其命名为"铺地锦"，在国外它也叫格子乘法。

例题 计算 357×46

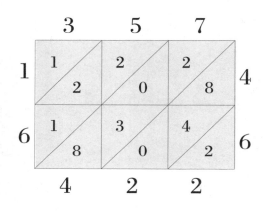

$$357 \times 46 = 16\ 422$$

解法

第1步：被乘数有三位数，乘数有二位数，就画一个三列二行的方格。

第2步：画出一系列对角线，把小格一分为二。

第3步：在方格的上方写被乘数357，右侧写乘数46。

第4步：然后在三角形的小格上分别记录位数字相应乘积的十位数与个位数，如右上角两小格记录的是 7×4 的十位数2和8。

第5步：所有三角形的小格记录完毕，然后这些数字从右下角开始沿斜线方向相加，满十时向前进一，个位数记录在最下面三角形的外围。

第6步：全部加完之后，从左上到右下沿格子外读数，即是所求积，$357 \times 46 = 16\ 422$。

Q₁ 请用铺地锦算法，在方格上填上适当的数字。

① 342 × 27 =

② 128 × 456 =

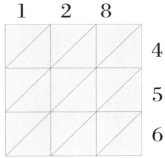

③ 1 236 × 245 =

④ 13 × 25 =

[A1]

① 9 234

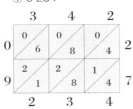

② 58 368

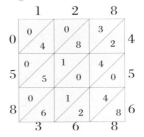

③ 302 820

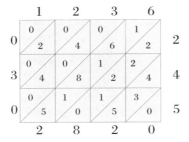

④ 325

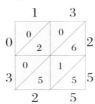

中国剩余定律

Q2 《孙子算经》是中国古代数学名著，里面有一道有关自然数的题：
今有物不知其数，三三数之剩二，五五数之剩三，七七数之剩二。问物几何？

意思是说，现在有一种物体不知道有多少，三个三个地数，会剩下两个；五个五个地数，会剩下三个；七个七个地数，会剩下两个。问这种物品至少有多少个？

这是中国古代求解一次同余式组的经典例题，被称作"中国剩余定理"，你知道是怎么计算的吗？

三女归家

Q3 《孙子算经》中还有这样一道题：
今有三女，长女五日一归，中女四日一归，少女三日一归。问三女何日相会？

意思是说：有一户人家，三个女儿都已经出嫁。大女儿每 5 天回一次娘家，二女儿每 4 天回一次娘家，小女儿每 3 天回一次娘家。三个女儿从娘家同一天回自己家，至少多少天她们姐妹三人再次相会？

....

[A2] 物品至少有 23 个

被 3 除余 2，且同时被 5、7 整除的数，这样的数最小是 35；
被 5 除余 3，且同时被 3、7 整除的数，这样的数最小是 63；
被 7 除余 2，且同时被 3、5 整除的数，这样的数最小是 30。
于是，由 35+63+30=128，得到的 128 就是一个所要求得的数。但这个数并不是最小的。
再用求得的"128"减去或者加上 3、5、7 的最小公倍数"105"的倍数，就得到许许多多这样的数：
23，128，233，338，443……
从而可知，23、128、233、338、443……都是这一道题目的解，其中最小的解是 23。

[A3] 60 天后

从刚相会到最近的再一次相会的天数，是三个女儿间隔回家天数的最小公倍数，即 60 天后三姐妹再次相会。

韩信点兵

Q₄ 相传，中国楚汉相争期间，有一次，韩信率领 1 500 名将士与楚王大将李锋交战，最终楚军不敌，败退军营，但汉军也死伤四五百人。韩信决定重整兵马，清点人数，以备再战。他先让士兵们 3 人一排，又让他们 5 人一排，然后又令他们 7 人一排，他查看到这三次列队排在最后一行的士兵分别是 2 人、4 人、6 人，马上就算出了这些士兵的总人数。你知道他是怎么算的吗？

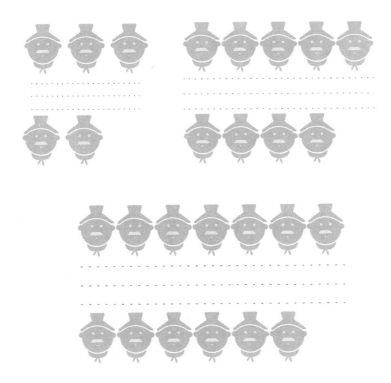

[A4] 韩信的士兵共有 1 049 人

这道题同样运用了"中国剩余定理"。这道题最终演变成 104+105n。由于韩信的士兵人数在 1 000 ~ 1 100 之间，满足条件的只有 1 049。

153

鸡兔同笼

Q5 有若干只鸡兔同在一个笼子里，从上面数，有 35 个头；从下面数，有 94 只脚。求笼中各有几只鸡和兔？

提示：《孙子算经》是用"砍足法"解答这道题的。假如砍去每只鸡、每只兔一半的脚，则每只鸡就变成了"独角鸡"，每只兔就变成了"双脚兔"。这种思维方法叫"化归法"。化归法就是在解决问题时，先不对问题采取直接的分析，而是将题中的条件或问题进行变形，使之转化，直到最终把它归成某个已经解决的问题。

[A5]

根据"砍足法"，鸡和兔的脚的总数就由 94 只变成了 47 只。如果笼子里有一只兔子，则脚的总数就比头的总数多 1。因此，脚的总只数 47 与总头数 35 的差，就是兔子的只数，即 47-35 = 12（只）。显然，鸡的只数就是 35-12 = 23（只）了。

百鸡术

Q6 中国南北朝时期有一个计算能力超群的神童，名叫张丘建，很多成年人难以解答的问题他都能很快算出来。当时的宰相就想考考他，于是给神童 100 文钱，让他第二天带 100 只鸡来，并且规定这 100 只鸡中必须有公鸡、母鸡和小鸡三种。其中公鸡每只 5 文钱，母鸡每只 3 文钱，小鸡每 3 只 1 文钱。张丘建分别要买多少只公鸡、母鸡和小鸡呢？

他很快就算出了 4 只公鸡、18 只母鸡、78 只小鸡的答案。宰相吃惊之余，又给他 100 文钱，让他第二天再送 100 只鸡，要求不能与第一次相同。张丘建当场就算出了 8 只公鸡、11 只母鸡和 81 只小鸡的答案，并很快送了过来。宰相非常钦佩，但仍然给他了 100 文钱，要求再送 100 只鸡，要求与前两次都不同，张丘建很快就送来公鸡 12 只、母鸡 4 只、小鸡 84 只。这就是驰名世界的"百鸡术"。当时的人们并不会列方程组，你知道张丘建是怎样算出来的吗？

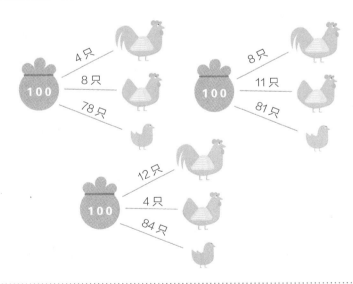

[A6]

秘密在于：4 只公鸡 20 文钱，3 只小鸡 1 文钱，合起来鸡数是 7，钱数是 21；7 只母鸡，鸡数是 7，钱数也是 21。这样的话，7 只母鸡的钱就等于 4 只公鸡和 3 只小鸡的钱。所以，公鸡每增加 4 只，母鸡就要减少 7 只，小鸡就要增加 3 只，只要求出一个答案就能算出另外两种答案。

李白买酒

Q7 中国唐朝大诗人李白是有名的"酒仙",所谓"李白斗酒诗百篇"。当时的天文学家、数学家张遂就以"李白喝酒"为题材编了一道数学题:李白街上走,提壶去买酒。遇店加一倍,见花喝一斗。三遇店和花,喝光壶中酒,原有多少酒?"

千叟宴

Q8 乾隆皇帝是中国历史上年寿最高的皇帝,为了笼络臣民,他晚年效仿康熙帝邀请60岁以上的老人参加宫廷盛宴,名为"千叟宴"。在其中一次千叟宴上,他遇到一位岁数最大的老人,就出了上联:花甲重开,又加三七岁月。让众臣猜该老人的年龄。才子纪晓岚很快就对出了下联:古稀双庆,更多一度春秋。

那么,这位老人究竟多大岁数?

[A7] $\frac{7}{8}$(斗)

这道题可以从变化后的结果出发,根据互逆关系逐步逆推还原。

第三次遇花喝一斗前:0+1=1;第三次遇店加一倍,则原有:$1 \div 2 = \frac{1}{2}$;第二次遇花喝一斗,原有:$\frac{1}{2}$ +1=$\frac{3}{2}$;第二次遇店加一倍,则原有:$\frac{3}{2} \div 2 = \frac{3}{4}$;第一次遇花喝一斗,则原有:$\frac{3}{4}$ +1=$\frac{7}{4}$;第一次遇店加一倍,则原有:$\frac{7}{4} \div 2 = \frac{7}{8}$。综合以上得$\frac{7}{8}$斗。

[A8] 141岁

花甲重开,花甲指60岁,重开就是60×2=120,外加三七岁月,表示3×7=21,加起来就是141。
古稀双庆,古稀指70岁,双庆就是70×2=140,多一度春秋,再加1岁,也是141岁。

宝塔装灯

 中国明代数学家吴敬所著的《九章算术比类大全》中记载了这样一道题：

遥望巍巍塔七层，红光盏盏倍加增。

共灯三百八十一，试算塔顶几盏灯？

意思是说：远远望去，巍巍的宝塔有七层，下一层灯数分别是上一层的灯数的一倍，远远望去从底层到顶层一片红灯点点。这座塔一共有三百八十一盏灯。那么，你知道塔顶有几盏灯吗？

[A9] 3盏

设塔顶有 x 盏灯，那么第二层有 $2x$ 盏，第三层有 $4x$ 盏，第四层有 $8x$ 盏，第五层有 $16x$ 盏，第六层有 $32x$ 盏，第七层有 $64x$ 盏，总共 381 盏。列方程为 $x+2x+4x+8x+16x+32x+64x=381$，解得 $x=3$。

和尚吃馒头

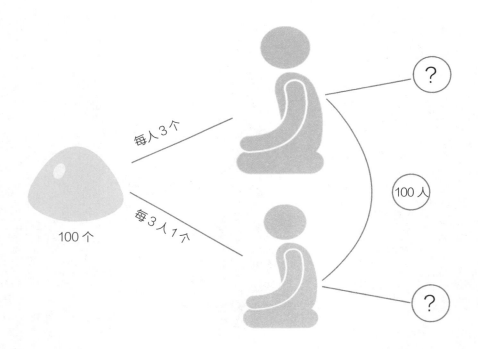

Q10 中国明代数学家程大位所著的《算法统宗》中记载了这样一道题：一百馒头一百僧，大僧三个更无争，小僧三人分一个，大小和尚各几丁？

意思是说：有 100 个馒头和 100 个和尚，大和尚每人吃 3 个馒头，小和尚 3 人吃一个馒头，问大和尚、小和尚分别有几个？

用方程解当然很简单了，可是那时候没有方程式，古人也能用简便的方法很快解答出来，你知道怎么解吗？

每人3个

100 个

每3人1个

？

？

100 人

[A10] 大和尚 25 人，小和尚 75 人

大和尚一人分 1 个，小和尚三人分 1 个，我们可以将 1 个大和尚和 3 个小和尚分成一组，每组 4 个和尚刚好分 4 个。100 个和尚总共分 25 组刚好分完 100 个馒头。因为每组都有 1 个大和尚、3 个小和尚，所以共有 25 个大和尚、75 个小和尚。这道题还可以使用"鸡兔同笼"的方法来解答。

有井不知深

Q11 《算法统宗》对在中国民间普及数学知识起到了很大的作用，还被翻译介绍到日本、朝鲜，以及东南亚、欧洲等地区，里面有很多经典的试题。其中有一道题是这样的：

井不知深，先将绳三折入井，井外绳长四尺，后将绳四折入井，井外绳长一尺。问：井深绳长各几何？

意思是说：有一口井，不知道它有多深，先将绳子折成三折来量，井外余绳 4 尺，将绳子折成四折来量，井外余绳 1 尺，那么井深和绳长各是多少？

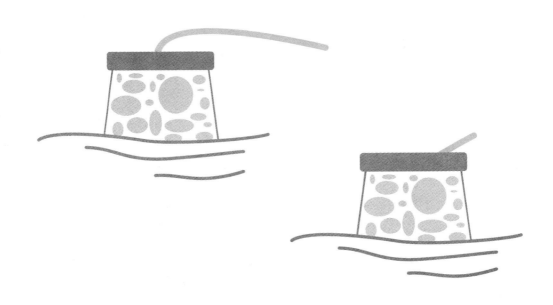

....

[A11] 井深 8 尺，绳长 36 尺

设绳长 x 尺，井深不变为等量关系，列方程得：

$$\frac{x}{3} - 4 = \frac{x}{4} - 1$$

解得 x=36（尺）

所以井深 =36÷3-4=8（尺）

百羊问题

Q12 《算法统宗》中还记载了一道百羊问题：

甲赶群羊逐草茂，乙拽肥羊一只随其后；戏问甲及一百否？甲云所说无差谬，若得这般一群凑，再添半群小半群，得你一只来方凑。玄机奥妙谁猜透。

意思是说：甲赶着一群羊向水草茂盛的地方走着，乙牵着一只肥羊紧随其后。乙问甲："你的羊有没有 100 只？"甲回答说："如果再有一群这样的，再加上半群，再加上四分之一群，再将你那一只凑过来，就有 100 只了。"你能猜到甲驱赶的羊群中有多少只羊吗？

这道题不仅在中国广为流传，也被不少外国数学家广为引用。你知道答案吗？

= 100 只羊

[A12] 36 只

设甲有 x 羊。$x+x+\dfrac{x}{2}+\dfrac{x}{4}+1=100$ 最后解得：$x=36$

可将甲驱赶的羊群视为单位"1"，再加上一个这样的单位"1"，再加上二分之一个、四分之一个单位"1"，将总数（100 只）减去乙的 1 只，然后相除，得 36 只。

国王的重赏

Q13 传说，古代印度的西萨·班·达依尔发明了国际象棋。为了奖赏他的聪明才智，当时的国王舍罕问西萨·班·达依尔："说吧，你想要什么嘉奖！我一定会满足你！金银珠宝任你挑选。"

西萨·班·达依尔谦卑地说："尊敬的陛下，我不要金银珠宝，只请您在我的棋盘第1个小格内赏给我1粒麦子，第2个小格内赏给我2粒麦子，第3个小格内赏给我4粒麦子。这样每1小格麦子都比前1小格加1倍，摆满棋盘上所有64格的麦粒。就把这些麦粒赏给我吧！"

舍罕国王一听哈哈大笑："哈哈哈哈！你的要求一点都不高，我会让你如愿以偿的！"

然后，舍罕国王就吩咐人抬一袋麦子到御前，命人按西萨·班·达依尔的要求发放赏赐。

可是，舍罕国王很快就发现自己错了。还没放到第20小格呢，这袋麦子已经空了，只好让人再去抬麦子。于是，一袋一袋麦子被抬上来，但每1小格的麦粒数增长速度惊人，照这样下去，恐怕全印度的小麦都抬过来也无法满足西萨·班·达依尔的需求。

想一想，为什么?

[A13]

按照西萨·班·达依尔的要求，每1小格麦子都比前1小格加1倍，即每1小格的麦子数是前1小格的2倍。所以每1小格分别:

第1小格: $1=2^0$

第2小格: $2^0 \times 2=2^1$

第3小格: $2^1 \times 2=4=2^2$

第4小格: $2^2 \times 2=8=2^3$

第5小格: $2^3 \times 2=16=2^4$

……

第 n 小格: $2^{n-2} \times 2=2^{n-1}$

第64小格: $2^{62} \times 2=2^{63}=18\ 446\ 744\ 073\ 709\ 551\ 615$ 粒

如果按1升麦子约为150 000粒来计算，那么西萨·班·达依尔被赏赐的麦子就要达到140亿升！这是一个非常巨大的数字，相当于当时全世界麦子年产量的两千倍！

印度莲花问题

Q14 印度数学家婆什迦罗的《阿耶波多历书注释》中记载了这样一道有趣的题目：有一朵莲花，高出水面 0.5 腕尺（一种古时长度单位），如莲花倾斜至距离原花朵位置 2 腕尺处，又正好浸入水中。求整支莲花的长度与河水的深度。

[A14] 莲花高 4 腕尺，河水深 3.5 腕尺

莲花问题是勾股定律的典型问题之一。

设湖水深 x 腕尺，则莲花高度为（x+0.5）腕尺

根据勾股定理得

$AD^2+DC^2=AC^2$

∵ AD=0.5 AC=2

∴ DC^2=3.75

在 RT △ DCB 中，根据勾股定理得

$x^2+DC^2=$（x+0.5）^{2}

解得 x=3.5

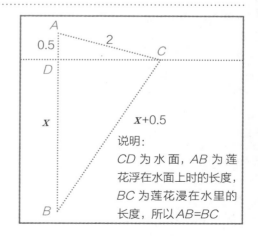

说明：
CD 为水面，AB 为莲花浮在水面上时的长度，BC 为莲花浸在水里的长度，所以 $AB=BC$

有多少弟子

Q15 古希腊有这样一道经典数学题：有人问数学家、哲学家毕达哥拉斯有多少名弟子。毕达哥拉斯回答说："我有一半的弟子在探索着数的奇妙；有四分之一的弟子在追求着自然界的哲学，有七分之一的弟子终日深入沉思。此外，我还有三名女弟子。"

你知道毕达哥拉斯有多少个弟子吗？

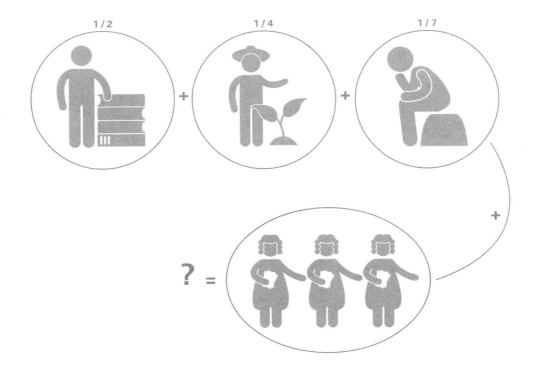

[A15] 28

根据题意可列算式：$3 \div [1 - (\frac{1}{2} + \frac{1}{4} + \frac{1}{7})] = 28$（个）。

163

将军饮马

古希腊有一名将军遇到一个难题，特意请教亚历山大城一位精通数学和物理的学者海伦：将军每天要从山峰 A 地出发，先到河边饮马，然后再去河岸同侧的营地 B 开会，他该怎样走，才能使得总路程最短呢？海伦很快就告诉了他方法。你知道怎样解决将军的难题吗？

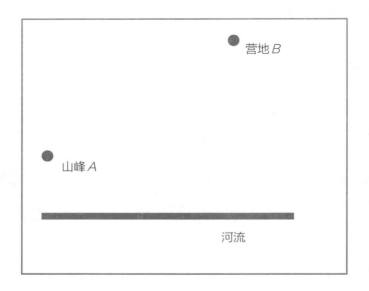

[A16]

如图，取 A 关于河岸的对称点 A'，与河流相交于 D。连接 $A'B$，与河岸线相交于 C，在 C 点饮马总路程最短。

如果将军在 C 之外的任意一点 C' 饮马，所走的路线就是 $AC'+C'B$。由图可知 $AC'=A'C'$，根据三角形两边之和大于第三边 $A'C'+C'B > A'B$，所以 $AC'+C'B > A'B$。又因为 $A'B=A'C+CB=AC+CB$，所以 $AC'+C'B > AC+CB$。因此，在 C 点外任何一点 C' 饮马，总路程都比在 C 点饮马总路程远。

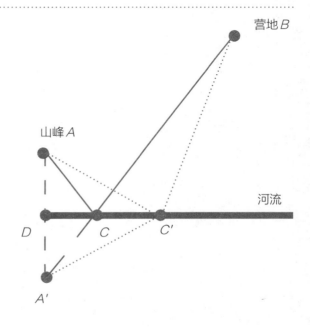

丢番图的墓志铭

丢番图是古希腊著名的数学家，他对算术理论有深入研究，被认为是代数学的创始人之一。关于他的出生日期已经无法考证，但是他的墓碑上有很经典的一道数学题目。

丢番图安葬在此处，这里忠实地记录了他的人生。

上帝给予的童年占六分之一，

又过了十二分之一，度过了愉快的青年时代。

再过七分之一，点燃起结婚的蜡烛。

五年之后天赐贵子，

可怜迟来的儿子，享年仅及其父之半，便进入冰冷的墓。

悲伤只有用数论的研究去弥补，又过了四年，他也走完了人生的旅途。

终于告别数学，离开了人世。

那么，丢番图到底活了多少岁?

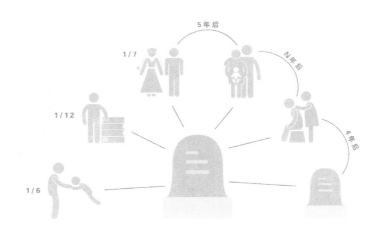

[A17] 84 岁

设丢番图活了 x 岁，根据题意可得：

$x = [(1 \div 6)x + (1 \div 12)x + (1 \div 7)x + 5 + (1 \div 2)x + 4]$

解得 $x = 84$

可知，丢番图 33 岁结婚，38 岁当上爸爸，80 岁的时候儿子去世。

第79题

一个叫莱因特的英国人得到一部古代手稿，这部手稿出土于古埃及首都的废墟里，是一份古老的数学文献，因莱因特是首个发现者，因此人们将这部手稿命名为《莱因特纸草书》。这部手稿共有 85 道数学题，其中第 79 题很有名，题目如下。

Q18 这个题目共有 5 个数：7、49、343、2 401、16 807，这些数旁边依次写着人、猫、老鼠、大麦、量器等字样。这部手稿的其他题目都有答案，只有这道题没有答案。这道题目究竟是什么意思呢？

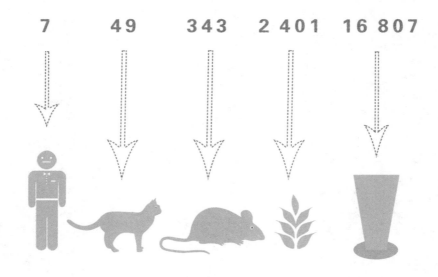

| 7 | 49 | 343 | 2 401 | 16 807 |

[A18]

这 5 个数字是有规律的，后一个数都是前面数的 7 倍。7×7 = 49，49×7 = 343，343×7 = 2 401，2 401×7 = 16 807。所以数学史专家康托尔这样解释这道题目：有 7 个人，每人养了 7 只猫，每只猫吃 7 只老鼠，每只老鼠吃 7 棵麦穗，每棵麦穗可以长成 7 个量器的大麦。

6个7的故事

Q₁₉ 世界各地都流传着6个7的故事。

①俄国民间流传着这样一只歌谣：路上有7个老汉，他们各自拿着7根竹竿，每根竹竿上有7个枝丫，每个枝丫上挂着7只竹篮，每只竹篮里有7个竹笼，每个竹笼里有7只麻雀。问共有多少只麻雀？

②意大利民间流传着这样一个故事：7个老太太一起到罗马去，每人有7匹骡子，每匹骡子驮7个口袋，每个口袋盛7个面包，每个面包有7把小刀，每把小刀有7个刀鞘。问骡子、口袋、面包、小刀、刀鞘各有多少？

[A19] ①117 649 ②分别是7、49、343、2 401、16 807、117 649

①7个老汉，共有7×7 = 49根竹竿，49×7 = 343个枝丫，343×7 = 2 401只竹篮，2 401×7 = 16 807个竹笼，16 807×7 = 117 649只麻雀。

②7个老太太，共有7×7 = 49匹骡子，49×7 = 343个口袋，343×7 = 2 401个面包，2 401×7 = 16 807个小刀，16 807×7 = 117 649个刀鞘。

欧拉遗产问题

瑞士数学家欧拉曾出过这样一道题：

有一位父亲这样立遗嘱：大儿子分得 100 克朗和剩下财产的十分之一，二儿子分得 200 克朗和剩下财产的十分之一；三儿子分得 300 克朗和剩下财产的十分之一，四儿子分得 400 克朗和剩下财产的十分之一……按照这样的方法一直分下去，每个儿子分得的财产一样多。那么，这位父亲一共有多少个儿子？多少财产？每个儿子分得多少财产？

[A20] 这位父亲共有 9 个儿子，共留下 8 100 克朗的财产，每个儿子分得 900 克朗

设共有财产 x 元，则通过大儿子与二儿子分财产的情况，有 $100 + \frac{x-100}{10} = 200 + \frac{x-100-\frac{x-100}{10}-200}{10}$，解得 $x=8\ 100$。所以共有财产 8 100 克朗，每个儿子分得 900 克朗，共 9 个儿子。

农妇卖鸡蛋

欧拉很重视数学的普及教育，他编著了很多有趣的初等数学问题，"农妇卖鸡蛋"就是一道流传很广的数学题。

Q21 两个农妇共带 100 个鸡蛋去卖。一个带的多，一个带的少，但卖了同样的钱。甲农妇对乙农妇说："如果我有你那么多的鸡蛋，我能卖 18 元。"乙农妇说："如果我有你那么多鸡蛋，只能卖 8 元。"你知道两人各带了多少鸡蛋吗？

牛顿问题

牛顿是英国著名的物理学家，他也非常重视数学的普及教育，曾专门为英国的中学生编著了一套数学课本。下面这道题就是他用来锻炼学生们数学思维能力的世界名题。

Q22 牧场上有一片青草，牛每天吃草，草每天以均匀的速度生长。这片青草供给 10 头牛可以吃 20 天，供给 15 头牛吃，可以吃 10 天。供给 25 头牛吃，可以吃多少天？

提示：被牛吃过的草还会长出新的草，这些新草因为时间长短、面积大小的不同而呈现不同的特点。

[A21] 甲农妇带了 40 个鸡蛋，乙农妇带了 60 个鸡蛋

假设农妇乙的鸡蛋数目是农妇甲的 n 倍。由于两人卖得的钱一样多，所以，甲农妇鸡蛋价格是乙农妇的 n 倍。如果她们在出售前将所带的鸡蛋互换，那么，甲农妇的鸡蛋数目和价格，都将是乙农妇的 n 倍，这样她卖得的钱数将是乙农妇的 n^2 倍。于是 $n^2 = 18 : 8$，解得 $n = 3 : 2$，即乙农妇与甲农妇所带鸡蛋数目之比为 $3 : 2$。由于鸡蛋总数 100 只，可知农妇甲带了 $100 \div (3 + 2) \times 2 = 40$（只）鸡蛋。

[A22] 5 天

设每头牛每天吃 x 个单位的草，草地每天生长 y 个单位的草，草地原有 z 个单位的草，则有方程组：$200x = z + 20y$；$150x = z + 10y$；解得 $y = 5x$ $z = 100x$。
设 25 头牛要吃 M 天，则 $M \times 25 = z + M \times 5x$，$M \times 25x = 100x + M \times 5x$，解得 $M = 5$。

割草问题

Q23 俄国大文豪托尔斯泰是一个数学迷,闲暇时间编了许多数学题,其中有一道题是这样的:割草工要将两块草地的草割完。这两块草地,大块草地比小块草地大一倍。上午,所有割草工都在大块草地工作,下午,一半割草工仍然留在大块草地工作,傍晚将草割完。另一半人去小块草地工作,傍晚还剩下一些,这一些由一名割草工再割1天刚好割完。如果所有割草工的工作效率相同,你知道共有多少割草工吗?

[A23] 8 个割草工

用画图的方法解答更简单,如右图所示。

可将大块草地面积看作单位"1",那么小块草地面积就是 $\frac{1}{2}$ 。全体割草工割一上午,一半割草工割一下午将大块草地割完,可推测出:一半割草工半天割 $\frac{1}{3}$ 的结论。下午小块草地剩下的工作,可推测出一人一天的工作量,即 $\frac{1}{2} - \frac{1}{3} = \frac{1}{6}$ 。总工作量($1 + \frac{1}{3}$) ÷ 每个人的工作量 $\frac{1}{6}$,就是全部割草工的人数。

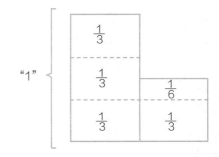

兔子问题

Q24 意大利数学家伦纳德曾提出过这样一道数学题：
每对大兔每月生1对小兔，每对小兔生长一个月后就长成大兔，
新长成的大兔又会生小兔。假设所有的兔子全部存活，如果有人新养了1
对小兔，那么一年之后，总共有多少对兔子？

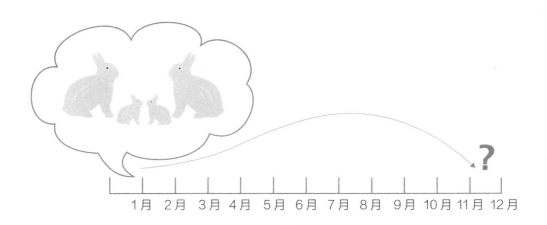

1月　2月　3月　4月　5月　6月　7月　8月　9月　10月　11月　12月

[A24] 609 对兔子

第一个月初，共有1对兔子，为最初小兔；

第二个月初，仍有1对兔子，为长成的一号大兔；

第三个月初，有2对兔子，分别为一号大兔和它们生的1对小兔二号；

第四个月初，有3对兔子，分别为一号大兔、二号大兔和一号大兔生的1对小兔三号；

第五个月初，有5对兔子，分别为一号大兔、二号大兔、三号大兔和一号大兔生的1对小兔、二号大兔生的1对小兔四号；

第六个月初，有8对兔子……

可以看出，从第三个月起，每月兔子的对数等于前两个月对数的和。根据这个规律计算，一年后，兔子的对数就是1+1+2+3+5+8+13+21+34+55+89+144+233=609。

蜗牛爬井

Q25 匈牙利数学家里斯曾出过这样一道数学题：

有一口井深 10 尺，蜗牛在井底，想要爬上来。它白天爬 3 尺，夜里又滑下来 2 尺。那么，蜗牛第几天才可以到达井顶？

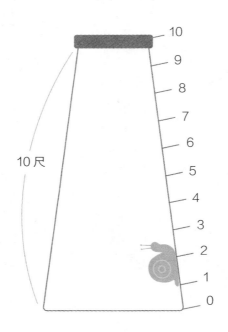

10 尺

[A25] 第八天

解题关键是把最后一天爬行的情况与前面几天爬行的情况区别考虑。

蜗牛爬上来 3 尺，滑下来 2 尺，相当于每天前进 1 尺，十天就能前进 10 尺。但事实上用不了 10 天，到第八天时，余下最后 3 尺，蜗牛就上来了。详情如下：

第一天爬 3-2=1（尺），剩下 10-1=9（尺）；

第二天爬 3-2=1（尺），剩下 9-1=8（尺）；

第三天爬 3-2=1（尺），剩下 8-1=7（尺）；

第四天爬 3-2=1（尺），剩下 7-1=6（尺）；

第五天爬 3-2=1（尺），剩下 6-1=5（尺）；

第六天爬 3-2=1（尺），剩下 5-1=4（尺）；

第七天爬 3-2=1（尺），剩下 4-1=3（尺）；

第八天爬 3 尺，3-3=0（尺）

所以蜗牛第八天就能爬上来。

泊松问题

西莫恩·德尼·泊松是法国著名的数学家，他在数学、几何学、物理学等方面均有卓越的贡献。数学上有泊松定理、泊松公式、泊松方程等十几个以他名字命名的定律或公式。但你知道吗？促使他从少年时代就迷恋数学的，是一道被后世称之为"泊松问题"的数学题。

Q26 某人有 8 升酒，想把一半赠给别人，但没有 4 升的容器，只有一个 3 升和一个 5 升的容器。利用这两个容器，怎样才能用最少的次数把 8 升酒分成相等的两份？

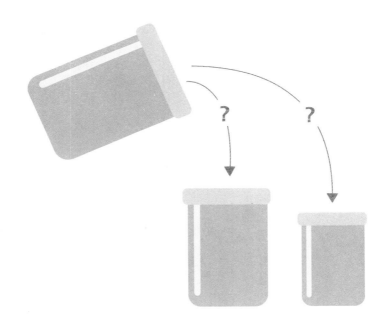

[A26]

这道题的解题关键：可以利用两次小容器盛酒比大容器多 1 升，以及本身盛 3 升的关系凑出 4 升的酒。

第一步，先把 8 升酒倒入 3 升的小容器，再把小容器的酒全部倒入盛 5 升的容器中。

第二步，再把 8 升容器余下的酒第二次倒入 3 升的小容器，再把小容器的酒全部倒入 5 升的容器中。此时 5 升的容器满了，小容器中还余 1 升酒没倒完，最初的 8 升酒剩下 2 升。

第三步，将 5 升容器中的酒全部倒回 8 升的酒瓶中，此时 8 升的容器中有 7 升酒。再把小容器中余的 1 升倒入这时空着的 5 升容器中。

第四步，再把 8 升容器（此时有 7 升酒）中的酒倒满 3 升小容器，此时酒瓶中剩下的酒正好是 8 升的一半。

海盗分金

Q27 有5个海盗，准备瓜分抢到的100枚金币。怎么分呢？为了公平起见，他们决定抽签决定分配方案。规定，首先由抽签抽到1号的海盗提出分配方案，所有海盗（包括提出分配方案者自己）进行表决，超过半数同意，则分配方案被通过，大家据此分配战利品。反之，如果1号的方案不通过，他就要被扔进大海喂鲨鱼，然后由2号提出分配方案。依此类推。

假设所有海盗都是非常聪明且理性的，那么，第一个海盗提出怎样的分配方案才能够使自己的收益最大化？

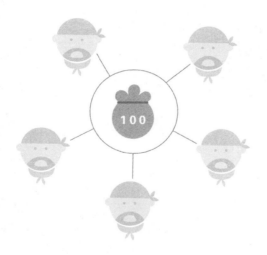

[A27] 1号海盗97枚，2号海盗0枚，3号1枚，4号2枚（或4号0枚），5号0枚（或5号2枚）

这道题要从后向前推。如果1至3号强盗都喂了鲨鱼，最后只剩下4号和5号，5号肯定投反对票让4号喂鲨鱼，自己独吞全部金币。所以4号会全力支持前面的3号来保命。

3号也知道这个道理，会提出"100，0，0"的分配方案，自己独吞金币，他知道尽管4号一无所获但为了保命还是会投赞成票，加上自己的一票，方案一定能通过。

2号也很聪明，知道3号的心思，就会提出"98，0，1，1"的方案。对4号和5号来说，这个方案比3号的方案更有利，所以他们宁愿支持2号的方案。

1号也很聪明，他也知道2号的心思，于是就提出（97，0，1，2，0）或（97，0，1，0，2）的方案。这个方案对于3号、4号（或5号）来说，比2号的分配更有利，所以他们会投1号的赞成票。

于是1号最终获得97枚金币，3号获得1枚金币，4号或5获得2枚金币。

由此可见，海盗所谓的公平分配，其实是有先发优势的。

分椰子

剑桥大学的怀德海教授出了这样一道世界名题，后来被很多名人引用过。现在我们来看看这道题。

Q28 5 个水手带着一只猴子来到一个荒岛上，发现不知谁摘了一堆椰子。但椰子却无法平分为 5 等份。他们旅途劳累，于是大家就先去睡觉。不久，第一名水手醒了，他把椰子平均分成 5 份，余下一个丢给猴子吃掉，他把自己那一份藏起来又睡觉去了。不久，第二名水手也醒了，他也把椰子平均分成 5 份，余下一个也丢给猴子吃掉，他也把自己那一份藏起来睡觉了。第三、第四、第五名水手都是将剩下的椰子分成 5 份后，剩余一个丢给了猴子，把自己那份藏起来了。

那么，这堆椰子最初至少有多少个?

[A28] 至少有 3 121 个椰子

这道题与本书（p92）"分不清的遗产"有异曲同工之妙，可以先借给猴子们 4 个椰子。

设这堆椰子最初有 x 个，5 个水手分别拿了 a、b、c、d、e 个椰子（包括猴子吃掉的一个椰子），那么 $a = \frac{x+4}{5}$，$b = \frac{4(x+4)}{25}$，$c = \frac{16(x+4)}{125}$，$d = \frac{64(x+4)}{625}$，$e = \frac{256(x+4)}{3\,125}$。$e$ 应为整数，而 256 不能被 5 整除，所以（$x+4$）应该是 3 125 的倍数，所以（$x+4$）=3 125k（k 为自然数）。最小的自然数为 1，当 k=1 时，x=3 121

所以，最初至少有 3 121 个椰子。可以将这个数字放入题目中验证一下，刚好符合题目要求。

胡夫金字塔有多高

Q29 埃及金字塔是世界七大奇迹之一，其中最大的是胡夫金字塔，它的神秘和壮观倾倒了无数人。它的底边长230.6米，由重达2.5吨的230万块巨石堆砌而成。金字塔塔身是斜的，即使有人爬到塔顶上去，也无法测量其高度。后来有一个数学家解决了这个难题，你知道他是怎么做的吗？

提示：想一想，光与物体的影子之间有什么规律？

[A29]

挑一个好天气，从中午一直等到下午，当太阳的光线给每个人和金字塔投下阴影时，就开始行动。在测量者的影子和身高相等的时候，测量出金字塔阴影的长度，这就是金字塔的高度，因为测量者的影子和身高相等的时候，太阳光正好是以45度角射向地面，金字塔与其影子形成了一个等腰直角三角形，金字塔影子的长度与金字塔的高度是相等的。

用纸巾测树高

如果需要测量高层建筑或树木的高度，你会怎样做呢？

你只需要准备一张纸巾。用这张纸巾，你就能测量出树木的高度。这个问题是利用了几何学中的相似定律来解答的。

例题 将正方形纸巾沿对角线对折，折成三角形。在直角顶点坠小石子，以确保其竖边与地面呈垂直状态，并且使斜边的延长线位于沿此延长线能看到树木顶点的位置上。

此时你所站立处距树根的距离为14米，那么树木的高度是多少米呢？假设纸巾距离地面 1 米高。

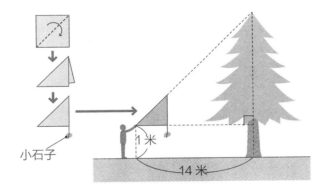

小石子

1米

14米

解法

将对折的纸巾视作三角形 ABC，手持部分的顶点视作 A，树干上与 A 同高处视作 D，树木的顶点视作 E，树根视作 H。

三角形 ABC 是将正方形纸巾对折得来的，因此是等腰直角三角形，三角形 ABC 与三角形 ADE 为相似三角形，因此 $DE=DA=14$（米）。

综上所述，树木的高度为

$EH=ED+DH=14+1=15$（米）。

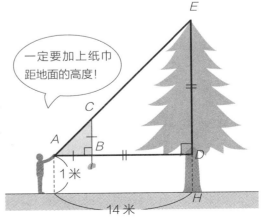

一定要加上纸巾距地面的高度！

1米

14米

请你采用和例题一样的方法，这次拿着折好的纸巾，站在正好可以从折好的纸巾斜边延长线上看到埃菲尔铁塔顶点的位置上。请问，这个位置距埃菲尔铁塔有多远呢？

假设纸巾距离地面 1.5 米高。埃菲尔铁塔的高度为 324 米。

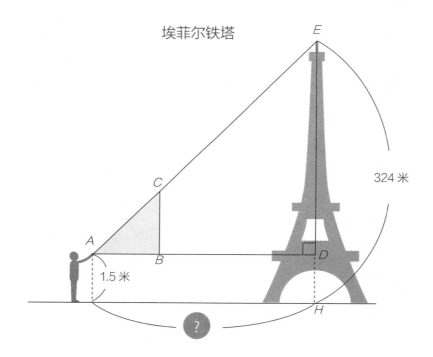

埃菲尔铁塔

324 米

1.5 米

?

[A30] **322.5 米**

三角形 *ADE* 为等腰直角三角形，因此 *DE=DA*。*DE* 的值等于 *EH*（埃菲尔铁塔的总高度）减去 *DH*，即 324−1.5=322.5（米）。

大盗的算法

这道题需要求出丝绸大盗的人数，以及他们是怎样分赃的。可能大家很容易认为这道题是使用方程式的数学题，但有趣的是，其实这道题利用图形就能够轻易解开。

例题 大盗们偷了许多丝绸布匹，现在正在商量每个人分多少米。如果每个人分 8 米，就会有 7 米不够。可要是每个人分 7 米，这就又会多出 8 米来。请问大盗一共多少人，盗来的布匹一共有多少米？

解法 将横长视作"大盗的人数"、将竖高视作"分到的布匹数"来画图，这样的话面积就表示"布匹数"（大盗人数 × 分到的布匹数）。

每个人分 8 米时需要的布匹数量为面积 A，每个人分 7 米时需要的布匹数量为面积 B。

但是由于"实际上的布匹数比面积 A 要少 7 米、比面积 B 要多 8 米"，所以实际上的布匹数用面积 C 来表示。这样一来我们从下列图形中就可以明白，"大盗的人数"（横长）为 7+8=15（人）。因此，"盗来的布匹数"（面积 C）应为面积 B+8=15×7+8=113（米）。

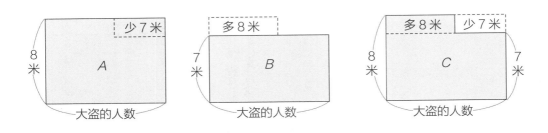

 小张正在和朋友分巧克力，如果每人分 10 个就缺 1 个，如果每人分 9 个就多 6 个。请求出朋友的人数和巧克力的个数。

● 答案见 180 页。

100 算

你能使用 1 至 9 的数字、每个数字只能使用一次，来表示特定的数字或构成等式吗？其中最著名的就是 100 算。这道算式看起来简单，但实际上是非常深奥的，下面来试试这个令人感到数的无限可能性的智力游戏题吧！

 Q32 请在□中填写 "+" "−" 或 "空白"，完成下面的等式使其成立。答案共有 12 组等式。

$$\boxed{}\ 1\ \boxed{}\ 2\ \boxed{}\ 3\ \boxed{}\ 4\ \boxed{}\ 5\ \boxed{}\ 6\ \boxed{}\ 7\ \boxed{}\ 8\ \boxed{}\ 9\ =\ 100$$

[A31] 朋友的人数为 7 人，巧克力的个数为 69 个

所有人每人分 10 个巧克力时，需要的巧克力个数为面积 A，每人分 9 个巧克力时，需要的巧克力个数为面积 B。但是由于 "实际上的巧克力个数比面积 A 要少 1 个、比面积 B 要多 6 个"，所以实际上的巧克力个数用面积 C 来表示。这样一来我们从下列图形中就可以明白，"朋友的人数"（横长）为 1+6=7（人）。因此，"巧克力的个数"（面积 C）应为面积 B+6=7×9+6=69（个）。

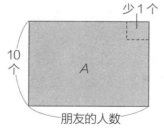 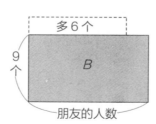 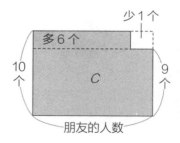

[A32]

① 1+2+3−4+5+6+78+9=100
② 1+2+34−5+67−8+9=100
③ 1+23−4+56+7+8+9=100
④ 1+23−4+5+6+78−9=100
⑤ 123−45−67+89=100
⑥ 123+45−67+8−9=100
⑦ 123−4−5−6−7+8−9=100
⑧ 123+4−5+67−89=100
⑨ −1+2−3+4+5+6+78+9=100
⑩ 12−3−4+5−6+7+89=100
⑪ 12+3+4+5−6−7+89=100
⑫ 12+3−4+5+67+8+9=100

把他们都藏起来

看守人只需避开外人的耳目，就能将公主营救者都藏起来。变换公主营救者的位置就可以把人数糊弄过去，那么有没有可能"即使人数增加也看不出来"呢？

Q33 看守人共有 16 名，像下图一样站立，注意着四周的动静。这时来了 8 名公主营救者，请求看守人把他们藏起来。看守人很同情公主，想帮助公主营救者藏起来，但如果四周的人数比 16 人还多，就会暴露出他们隐藏公主营救者的行为。请问，看守人要怎样做才能藏匿 8 名公主营救者呢？

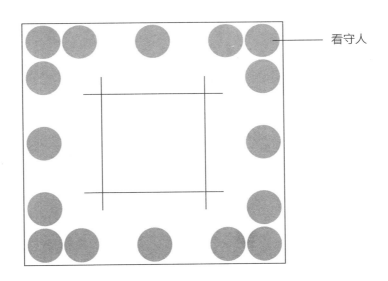

看守人

[A33]

像右图一样藏匿即可，不论从哪个方向看，
一边上都有 5 名看守人，并且在每排看守人
的背后都能藏匿 2 名公主营救者

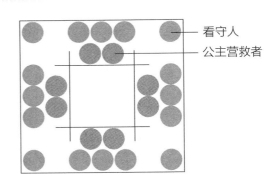

看守人
公主营救者

立继承人

遵从固定的规则，从许多人中选出 1 个人——立继承人这个问题是基于此种方法产生的。虽然会让人觉得很烦琐，不过边画边解题的方式对于弄清楚这个问题很有帮助。

例题 某名男性与前妻生了 15 个孩子，与现任妻子也生了 15 个孩子，现在他要选出 1 名来继承家产。他让 30 个孩子排成一个圆圈，顺时针数，数到第 10 个人就将其淘汰掉。不断重复这一过程，最后剩下那个孩子继承家产。

现在，前妻的孩子连续有 14 人被淘汰掉了，只剩下了 1 名。他向父亲恳求道"下次请从我这里开始数吧"，于是现任妻子的 15 个孩子接连被淘汰，前妻的孩子继承了家产。请问这些孩子是怎样排的位置呢？

解法 从数数开始的孩子那里沿顺时针数到第 10 名，将其淘汰。重复这个动作淘汰 15 人，结果全部都是前妻的孩子所站的位置。

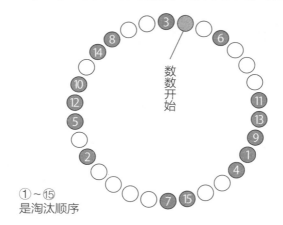

①～⑮
是淘汰顺序

Q34 将 12 枚棋子排成圆圈状。从数数开始的棋子那里沿顺时针数到第 6 枚棋子，将其取走。然后再从下一枚棋子开始沿顺时针数到第 6 枚，再取走。这样重复到第 7 次，取走的棋子会是哪枚呢？

● 答案见 183 页。

分橘子

Q35 日本数学专家中村义作教授提出了这样一个问题:

一家农户的橘子获得了大丰收,父亲拿出 2 520 个橘子分给 6 个儿子。分完之后,父亲让老大将自己分到的 $\frac{1}{8}$ 给老二,让老二拿到后连同原先的橘子分 $\frac{1}{7}$ 给老三,让老三拿到后连同原先的橘子分 $\frac{1}{6}$ 给老四,让老四拿到后连同原先的橘子分 $\frac{1}{5}$ 给老五,让老五拿到后连同原先的橘子分 $\frac{1}{4}$ 给老六,让老六拿到后连同原先的橘子分 $\frac{1}{3}$ 给老大。最终,大家分到的橘子数刚好一样多。

那么,六兄弟最初每人分到的橘子各是多少个?

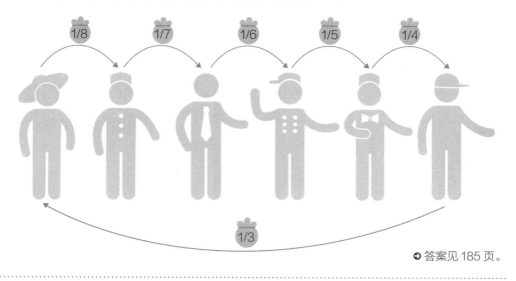

● 答案见 185 页。

[A34] 从数数开始的棋子那里沿顺时针数第 5 枚棋子

油斗等分算法

"油斗等分算法"是一道使用斗来计量的智力题。古代日本曾使用一种叫作"尺贯法"的计量法。计量单位有"合""升""斗"等。即使到了现代，我们也常用尺贯法来表示酒或米的计量。

例题 在容量为1斗（10升）的油桶中装满油。请使用容量分别为7升和3升的油斗，将桶中的油分成2等份。请注意，将油盛出时，第一次要使用3升的油斗。

解法 这道题只要重复下述步骤就能解开："使用3升的油斗，将油桶中的油盛入7升的油斗"，"7升的油斗装满后，将其倒回油桶"，"将3升的油斗中余下的油倒入7升的油斗"。

次数		操作	1斗的油桶	3升的油斗	7升的油斗
			10	0	0
1	10→3	使用3升的油斗，将油桶中的油盛入7升的油斗	7	3	0
2	3→7		7	0	3
3	10→3	使用3升的油斗，将油桶中的油盛入7升的油斗	4	3	3
4	3→7		4	0	6
5	10→3	使用3升的油斗，将油桶中的油盛入7升的油斗	1	3	6
6	3→7		1	2	7
7	7→10	7升的油斗装满后，将其倒回油桶	8	2	0
8	3→7	将3升的油斗中余下的2升油倒入7升的油斗	8	0	2
9	10→3	使用3升的油斗，将油桶中的油盛入7升的油斗	5	3	2
10	3→7		5	0	5

请解开下面的油斗等分算术题。

　　①在容量为 1 斗 4 升（14 升）的油桶中装满了油。请使用容量分别为 5 升和 3 升的油斗，将桶中的油分成 2 等份。请注意，将油盛出时，第一次要使用 3 升的油斗。

　　②问题同①，但是这次将油盛出时，第一次请使用 5 升的油斗。怎样做才能将油分成 2 等份呢？

● 答案见 186 页。

[A35] 最初老大分到 240 个，老二分到 460 个，老三分到 434 个，老四分到 441 个，老五分到 455 个，老六分到 490 个

这道题可以用倒推的方法解答。这堆橘子共有 2 520 个，最后 6 兄弟分到的同样多，说明每人分到 $2\,520 \div 6 = 420$ 个。

老六的 420 个是给了老大 $\frac{1}{3}$ 以后剩下的，此前他有 $420 \div \frac{2}{3} = 630$ 个，他给了老大 $630 \div 3 = 210$ 个。

老大未得到老六给他的 210 个以前，有 $420-210 = 210$ 个，这是他给了老二 $\frac{1}{8}$ 以后剩下的，所以他原来分到的是 $210 \div \frac{7}{8} = 240$ 个。他给了老二 $240 \div 8 = 30$ 个。

老二原有的加上老大给他的 30 个，拿出 $\frac{1}{7}$ 给了老三，说明此前一共是 $420 \div \frac{6}{7} = 490$ 个，所以他原来分到的是 $490-30 = 460$ 个，他给了老三 $490 \div 7 = 70$ 个。

老三原有的加上老二给他的 70 个，拿出 $\frac{1}{6}$ 给了老四，说明此前一共是 $420 \div \frac{5}{6} = 504$ 个，所以他原来分到的是 $504-70 = 434$ 个，他给了老三 $504 \div 6 = 84$ 个。

老四原有的加上老三给他的 84 个，拿出 $\frac{1}{5}$ 给了老五，说明此前一共是 $420 \div \frac{4}{5} = 525$ 个，所以他原来分到的是 $525-84 = 441$ 个，他给了老五 $525 \div 5 = 105$ 个。

老五原有的加上老四给他的 105 个，拿出 $\frac{1}{4}$ 给了老六，说明此前一共是 $420 \div \frac{3}{4} = 560$ 个，所以他原来分到的是 $560-105 = 455$ 个，他给了老五 $560 \div 4 = 140$ 个。

老六原有的加上老五给他的 140 个，拿出 $\frac{1}{3}$ 给了老大，说明此前一共是 $420 \div \frac{2}{3} = 630$ 个，所以他原来分到的是 $630-140 = 490$ 个，他给了老大 $630 \div 3 = 210$ 个。

①

次数	操作		1斗4升的油桶	3升的油斗	5升的油斗
			14	0	0
1	14→3	使用3升的油斗，将油桶中的油盛入5升的油斗	11	3	0
2	3→5		11	0	3
3	14→3	使用3升的油斗，将油桶中的油盛入5升的油斗	8	3	3
4	3→5		8	1	5
5	5→14	5升的油斗装满后，将其倒回油桶	13	1	0
6	3→5	将3升的油斗中余下的1升油倒入5升的油斗	13	0	1
7	14→3	使用3升的油斗，将油桶中的油盛入5升的油斗	10	3	1
8	3→5		10	0	4
9	14→3	使用3升的油斗，盛出油桶中的油	7	3	4

②

次数	操作		1斗4升的油桶	3升的油斗	5升的油斗
			14	0	0
1	14→5	使用5升的油斗，将油桶中的油盛入3升的油斗	9	0	5
2	5→3		9	3	2
3	3→14	3升的油斗装满后，将其倒回油桶	12	0	2
4	5→3	将5升的油斗中余下的2升油倒入3升的油斗	12	2	0
5	14→5	使用5升的油斗，盛出油桶中的油	7	2	5

鹤龟算法

"鹤龟算法"在日本传统数学中是非常著名的问题，可以一边画一边解题，做起来很有趣。

例题 有总共 100 只仙鹤与乌龟，它们的腿加在一起一共是 272 条。那么请问，有多少只仙鹤，又有多少只乌龟呢？

解法 将横长视作"只数"，将竖高视作"腿数"来画图。这样的话面积就表示"腿的总数"（只数 × 腿数），其值为 272。

由于面积 A 为 2×100=200，所以面积 B 就应该是 272–200=72。由于 B 的竖高为 2，所以 B 的横长（乌龟的只数）就应该是 72÷2=36（只）。

因此，仙鹤的只数就应该是 100–36=64（只）。

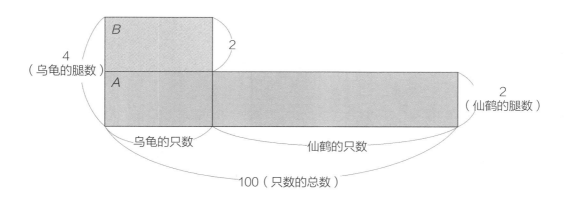

Q37 有总共 75 只仙鹤与乌龟，它们的腿加在一起一共是 234 条。那么请问，有多少只仙鹤，又有多少只乌龟呢？

○ 答案见 189 页。

虫蛀算法

　　"虫蛀算法"是一道完成算式的数学题，在空栏处填入 0 至 9 中的任意一个数字，使算式成立。可能你会觉得"只给出了这么一点儿已知条件，要解开也太难了"。但是只要你从个位开始依次考虑，不断地填入符合条件的数字，就一定能顺利地找到答案。

例题　某本记录着用银两购买米的账簿，有一部分被虫子蛀掉了。每个□处都应填入一个一位数。请在□中填写正确的数字。

"购买了 273 石米。1 石米□□文钱，因此合计支付了□□□ 45 文钱"

解法　将上面的文字转换为算式即为：273 × □□ = □□□ 45。

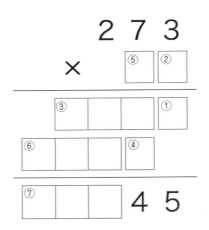

① 5（结果的个位为 5）

② 5（在 3 的乘法中，结果个位为 5 的只有 3×5）

③ 136（273×5=1 365）

④ 8（在 6 的加法中，结果个位为 4 的只有 6+8）

⑤ 6（在 3 的乘法中，结果个位为 8 的只有 3×6）

⑥ 163（273×6=1 638）

⑦ 177（1 365+16 380=17 745）

综上所述，答案应为"购买了 273 石米。1 石米 65 文钱，因此合计支付了 17 745 文钱"。

Q38

小张作为发起人组织了同学聚会。在最后结账时，小张向大家提出了这样的问题。每个□处都应填入一个一位数。请在□中填写正确的数字。

小张："这次同学聚会参加者一共 3□ 名，费用为 □□ 2 351 元！平摊应为每人 □□□ 3 元。"

......

[A37] 仙鹤为 33 只，乌龟为 42 只

① 由于面积 A 为 2×75=150，所以面积 B 就应该是 234-150=84。由于 B 的竖高为 2，所以 B 的横长（乌龟的只数）就应该是 84÷2=42（只）。因此，仙鹤的只数就应该是 75-42=33（只）。

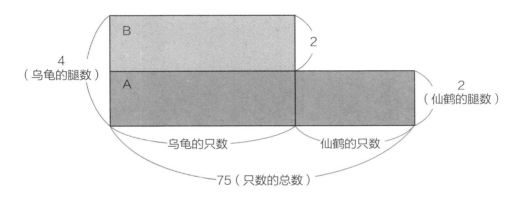

4
（乌龟的腿数）

B

2

A

2
（仙鹤的腿数）

乌龟的只数　　　　　仙鹤的只数

75（只数的总数）

[A38] 同学聚会参加者一共 37 人，费用为 352 351 元，
　　　 平摊应为每人 9 523 元

将文字转换为算式即为：□□□ 3 × 3 □ = □□ 2 351。

① 7（在 3 的乘法中，结果个位为 1 的只有 3×7）
② 6（在 9 的加法中，结果个位为 5 的只有 6+9）
③ 2（在 7 的乘法中，结果个位为 4 的只有 7×2）
➜ 在②的数中还加有进位数 2，因此在考虑时要考虑 4 而不是 6）
④ 6（④ +6+ 进位数 1，结果个位为 3 的只有 6）
⑤ 5（在 7 的乘法中，结果个位为 5 的只有 7×5）
➜ 在④的数中还加有进位数 1，因此在考虑时要考虑 5 而不是 6）
⑥ 6（⑥ +5+ 进位数 1，结果个位为 2 的只有 6）
⑦ 9（在 7 的乘法中，结果个位为 3 的只有 7×9）
在⑥的数中还加有进位数 3，因此在考虑时要考虑 3 而不是 6）

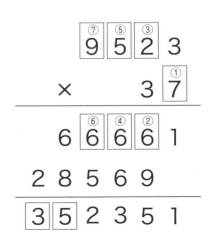

10 个连续数字的加法

这道题可以教给你立刻计算出 10 个连续数字相加之和的方法。你可以请家人或朋友选择 10 个连续自然数，然后你以最快速度计算出它们相加之和为多少，他们一定会大吃一惊的！也就是说，这是一道"能够轻松算出 10 个自然数相加之和的趣味算术题"。

解法

答案的十位及十位以上是自然数的第 5 个数。
答案的个位必然是 5。

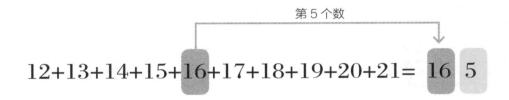

Q39 请进行下面的计算。

① 64+65+66+67+68+69+70+71+72+73=

② 234+235+236+237+238+239+240+242+242+243=

③ 508+509+510+511+512+513+514+515+516+517=

[A39] ① 685 ② 2 385 ③ 5 125

100 个连续数字的加法

这道题可以教给你立刻计算出 100 个连续数字相加之和的方法。德国数学家高斯在少年时代，将数字 1 至 100 的加法看作"上底为 1、下底为 100、高为 100 的梯形"，一瞬间就将问题解答了。请你也通过不输给天才少年高斯的计算方法来培养自己的"数学灵感"吧！

解法

答案的百位及百位以上是自然数的第 50 个数（第 1 个数 +49）。
答案的十位和个位必然是 5 和 0。

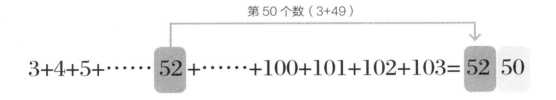

第 50 个数（3+49）

$$3+4+5+\cdots\cdots52+\cdots\cdots+100+101+102+103=52\ 50$$

Q40   请进行下面的计算。

① 18+19+20+……+115+116+117=

② 205+206+207+……+302+303+304=

③ 1 031+1 032+1 033+……+1 128+1 129+1 130=

[A40] ① 6 750 ② 25 450 ③ 108 050

寻找 "×10" 的乘法

让我们对"能够被 2 整除的数（偶数）"和"能够被 5 整除的数（个位为 0 或 5）"的乘法进行分解。在算式中隐藏着能让计算变得简单的魔法钥匙，那就是"10倍（2×5）"。只要稍稍改变一下含有"×10"的算式……它就会变身为超级简单的算式！

解法 将算式改为 $2 \times \square$ 和 $5 \times \square$ 的形式，创造出"×10"，就能使计算变得简单。

$$12 \times 35 = \boxed{2} \times 6 \times \boxed{5} \times 7$$
$$= 6 \times 7 \times \boxed{10}$$
$$= 420$$

Q41 请进行下面的计算。

① 16×45＝

② 28×15＝

③ 35×18＝

[A41]

① 720 ② 420 ③ 630

寻找"×100"的乘法

这次让我们来分解一下"能够被 4 整除的数"和"能够被 25 整除的数"的乘法吧。在算式中还隐藏着更神奇的魔法钥匙，那就是"100 倍（4×25）"。如果你对 10、100 等"容易计算的数"变得敏感，就能大大提高你的运算速度。将算式分解，你就能看清楚隐藏在"运算"背后的"数"。

解法 将算式改为 $4 \times \square$ 和 $25 \times \square$ 的形式，创造出"×100"，就能使计算变得简单。

$$24 \times 75 = 4 \times 6 \times 25 \times 3$$
$$= 6 \times 3 \times 100$$
$$= 1\,800$$

Q42 请进行下面的计算。

① $28 \times 25 =$

② $72 \times 50 =$

③ $75 \times 32 =$

[A42]

① 700 ② 3 600 ③ 2 400

"十位数字相同、个位数字之和为10"的乘法

　　"乘数与被乘数的十位是同一个数",并且"个位数字之和为10",有一种运算方法很适合这种情况。虽然是两位数的乘法,但是却能做到不用笔算、只用九九乘法就计算出来答案。用这个方法,你可以一瞬间就说出答案,因此称之为魔法运算也不为过。请你用各种数字来尝试一下吧。

解法　答案的千位和百位为"十位的数字 ×(十位的数字 +1)"。答案的十位和个位为"个位的数字相乘"。

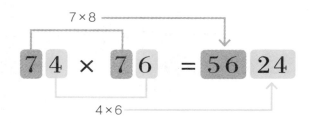

Q43　请进行下面的计算。

① 27 × 23 =

② 62 × 68 =

③ 59 × 51 =

数字 "11 ~ 19" 的乘法

在看乘法运算的问题时，请你先注意乘数与被乘数。如果两个数都在 11 至 19 的范围内，那就可以使用下面这个运算方法。这样运算能够将计算时间压至最短。请注意进位数为 1 至 8，这样做能够提高运算速度！

解法 答案的个位为 "个位的数字相乘"。

答案的百位和十位为 " '被乘数' 和 '乘数的个位数' 之和"。在产生进位数时，请不要忘记将进位数也加进去。

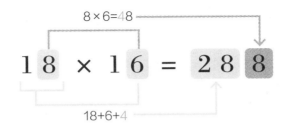

 请进行下面的计算。

① 12×13=

② 14×17=

③ 19×15=

[A44] ① 156 ② 238 ③ 285

包含数字"11"的乘法

这道题中的运算方法十分不可思议，明明是乘法运算，却能用加法运算求出答案。在乘数或被乘数有一方为"11"时，可以使用这种运算方法。它的秘密隐藏在由1构成的"11"这个数字中。任何数字乘以"11"，得到的答案都会像镜子一样反射出同样的数字。"1"这个数字的性质真是奇妙无比呢。

解法　如果一个数与11相乘，答案的个位为这个数的个位。

答案的十位为这个数的十位 + 个位。

答案的百位为这个数的十位。

在产生进位数时，再加1。

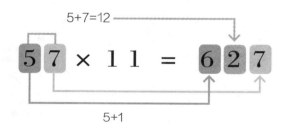

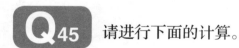
请进行下面的计算。

① 23 × 11=

② 38 × 11=

③ 11 × 95=

数字“90 ~ 99”的乘法

这道题中的运算方法可以在乘数和被乘数都在 90 至 99 的范围内时使用。两个数字都很大，看起来不用笔算是算不出来的。但是可以通过以 100 为参照数字来思考这样的方式，只要简单计算一下就能求出答案。

解法 分别求出乘数与被乘数“加上几得 100”。
答案的十位和个位为“求得的两数相乘之积”。
答案的千位和百位为“100- 求得的两数相加之和”。

4×1
↓

$$96 \times 99 = 9504$$

4　　1

↑
100-（4+1）

Q46 请进行下面的计算。

① 97×93=

② 97×97=

③ 92×94=

[A46] ① 9 021 ② 9 409 ③ 8 648